海洋全书

国家地理新探索

[美] 西尔维娅·A.厄尔(Sylvia A.Earle)　著

赵昱辉　许永久　译

江苏凤凰科学技术出版社·南京

江苏省版权局著作权合同登记 图字：10-2023-74

图书在版编目（CIP）数据

海洋全书：国家地理新探索 /（美）西尔维娅·A.
厄尔著；赵昱辉，许永久译 . -- 南京：江苏凤凰科学
技术出版社，2024. 11. -- ISBN 978-7-5713-4707-9

Ⅰ . P7-49

中国国家版本馆 CIP 数据核字第 2024N992A9 号

海洋全书：国家地理新探索

著　　　者　[美]西尔维娅·A. 厄尔 (Sylvia A.Earle)
译　　　者　赵昱辉　许永久
责 任 编 辑　陈　英
责 任 设 计　蒋佳佳
责 任 校 对　仲　敏
责 任 监 制　刘文洋

出 版 发 行　江苏凤凰科学技术出版社
出版社地址　南京市湖南路 1 号 A 楼，邮编：210009
出版社网址　http://www.pspress.cn
印　　　刷　北京利丰雅高长城印刷有限公司

开　　　本　889mm×1194mm　1/16
印　　　张　19
字　　　数　350 000
插　　　页　5
版　　　次　2024 年 11 月第 1 版
印　　　次　2024 年 11 月第 1 次印刷

标 准 书 号　ISBN 978-7-5713-4707-9
定　　　价　198.00 元（精）

图书如有印装质量问题，可随时向我社印务部调换。

扉页图：生活在法属波利尼西亚的黄刺
尻鱼。

本页图：软珊瑚组成的"海底花园"，
点缀着健康的礁石。

本页图：南非桌山的浅海中栖息着水母
和好奇的海狗。

第6—7页图：像大海一样湛蓝的纽扣
状水母（银币水母）是一种全球性的远
海漂流者，它实际上是一群水螅虫的集
合体。

目 录

引言

孩子们可能会问："什么是水？""海浪从哪里来？""海洋有多深？""海里住着什么？"这些问题看似简单，但解释起来却远非如此。

我想要在本书中汇集有关海洋的特性、起源、现状，并且讲述海洋和人类的未来如何密不可分，通过这种方式，我试着在书中给出上述问题的答案。在某种程度上，本书的内容集合了我一生在海上、海岸，尤其是海底的亲身经历。最重要的是，我见证并经历了人类历史上最伟大的海洋发现时代和海洋衰退时代。

对我来说，社会变革正朝着好的方向发展，海洋探索也是如此。

数字革命在摄影、数据收集、数据存储和重要的新数据传输方式方面给海洋探索带来新的机遇。深海的实时画面通过海底机器人和潜水器传输到水面船只，然后再通过卫星传输给全球观众。具有整合、可视化和分析陆地数据的全球地理信息系统（GIS）技术开始应用于海洋。美国环境系统研究所（Environmental Systems Research Institute，ESRI）的海洋地理信息系统（ArcGIS）正在开发当中，其目标是以数字的方式绘制海洋的三维立体图像，并向全世界开放。为期10年的海洋生物普查已经发现了成千上万种新的海洋生物。在对海洋生物基因组进行测序的项目中，已有数百万个新基因被发现。

新的发现固然让人振奋，但与此同时我意识到，我正在目睹海洋的迅速衰退，这让我倍感痛苦。美国国家海洋和大气管理局宣布，加勒比僧海豹，一种在我十几岁的时候还在墨西哥湾游来游去的美妙生物，已经于2008年正式宣布灭绝。在佛罗里达州，我小时候熟悉和喜爱的红树林和海草场已消失殆尽。巴哈马的脑珊瑚丘拥有500年的悠久历史，也是我最喜欢的生物，现在已经白化成了一个巨大的"雪球"，这让我悲伤不已。像全

下图：太平洋深处柔软的蘑菇珊瑚诱捕浮游生物。

球的珊瑚礁一样，它们也在海洋变暖、海洋化学变化和过度捕捞面前倒下了。在厄瓜多尔的科隆群岛和澳大利亚的科科斯群岛，我曾经因为鲨鱼数量众多而感到一丝恐惧，现在我又因为它们数量稀少而感到害怕。

2000年，只有1%的海洋得到了全面保护。有充分的证据表明，如果消除海洋承受的环境压力，受损的生态系统可能会有所恢复。2008年秋天，TED（技术、娱乐、设计）的创始人克里斯·安德森给我打来电话，说我赢得了TED奖，并说如果我愿意许下一个"大到足以改变世界的愿望"，"TED十佳演讲"将会协助我实现这一目标。我听完之后非常激动。我觉得可能产生最大影响的一件事，就是去小心地拥抱狂野的海洋，这需要通信方式的进步和潜水器的升级，此外，还需要以一种新的思考方式去考虑海洋的价值。不过最重要的是，我们需要建立起一个保护区网络，这些"希望点（Hope Spots①）"需要足够大才能恢复海洋的生态环境，并且保护海洋这颗地球的蓝色心脏。

科幻作家艾萨克·阿西莫夫曾说："科学积累知识的速度比社会积累智慧的速度快。"这句话放在21世纪对海洋生命的看法中再合适不过了。海洋有损，我们也一损俱损。然而，过去的习惯、现行的法律以及既得的经济和政治利益，仍旧在助长商业对海洋的破坏。尽管如此，2016年，各国在夏威夷举行的世界自然保护大会上齐聚一堂，会上通过了一项决议：到2030年保护至少30%的海洋。

保护多少海洋才能确保我们拥有一个宜居的星球？许多人支持将世界上至少一半的陆地和海洋保持在自然状态，以保护地球的多样性和健康的状态。我的观点有所不同，我支持将地球（包括地球本身及其所有居民）视为一个"希望点"，我们现在所拥有的知识能够帮助我们找到一种与自然长久共存的方法，这不仅能满足我们的生计，还能改善我们的生活。未来10年可能是更新和恢复的时期，是我们与海洋和自然之间建立和谐关系的时期。

---

① 希望点（Hope Spots）：西尔维娅·A.厄尔发起的旨在保护海洋的"蓝色使命"（Mission Blue）计划中的一部分。希望点是指对于海洋物种保护具有重要生态意义的海域，或是当地社群依赖健康海洋生存的地方。——译者注

下图：在菲律宾附近的深水区，无数的小虾幼体被包裹在卵囊中，中间则是刚刚产下这些卵囊、被簇拥着的母虾。

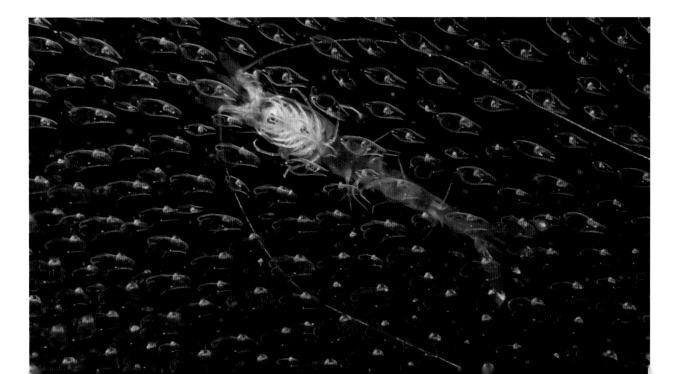

第 一 部 分

活 力 之 海

第一章

海洋的诞生

origin of the ocean

当进入太空，人类才真正"发现了地球"。"阿波罗 8 号"飞船上的航天员，从窗外看到了闪闪发光的蓝色星球。在"旅行者 1 号"探测器从太阳系边缘拍摄的地球图像中，地球则是一个暗淡蓝点。宇宙中还没有发现一颗像地球一样孕育我们生命的星球，而这一切的关键正是海洋。

即使在地球深处，即 410—660 千米之间也存在丰富的水，并且富含矿物质。水的存在不需要依靠其他生命，但生命不能没有水。地球上 97% 的水源于海洋，而地球其余大部分的水都冻结在冰川和极地的冰中。所有湖泊、河流、溪流和地下水加起来仅占地球可用水量的 0.7% 多一点儿。海洋覆盖地球表面三分之二以上，平均深度约为 3 682.2 米，而最深处则超过了 11 000 米，达到了 11 034 米。我们在这一头，而在海洋这珍贵的液体的另一头，是被我们遗忘的地方。

水从哪里来？这种神奇的物质会变成雾状的云朵、花状的雪花、精致的晶体或者坚固的冰块。通过分析古老的岩石，加上有关太阳系内外广泛存在水的新证据，有关地球上水的起源的谜团正一点点被揭开。

由于地球与太阳之间的距离恰到好处（不太热也不太冷）、地球本身理想的大小（不太大也不太小）以及地球的物理和化学成分（包括具有磁性的金属内核），经过数十亿年的细微变化，才使我们的星球与众不同，成为我们所知的适合生命生存的地方。

上图： 位于马里亚纳海沟的北西永福火山喷口虽小但十分活跃。

右图： 1968 年，航天员威廉·安德斯在"阿波罗8号"飞船上拍摄到的照片。

第10—11页图： 厄瓜多尔科隆群岛的达尔文岛附近的六带鲹鱼群风暴。

第12—13页图： 赭色海星、玉海葵和藤壶共同生活在美国华盛顿奥林匹克国家公园的潮池中。

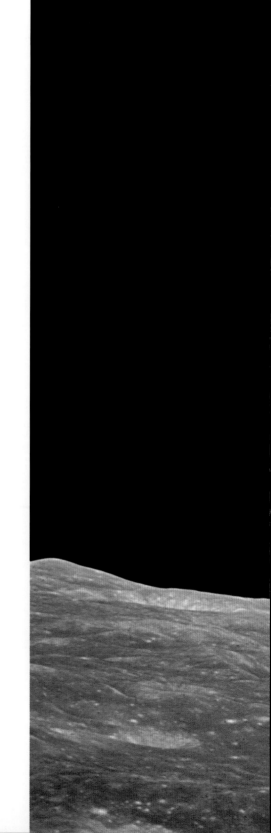

地球的形成

在太阳系的形成过程中，大量的气体和尘埃（本质上是"星尘"）聚集成颗粒，这些颗粒聚集在一起形成小行星，这些小行星又相互碰撞，在这些旋转的物质中，我们太阳系的行星便逐渐形成。通过应用于陨石的放射性衰变技术，以及航天员从月球带回的岩石和在西澳大利亚发现的古老岩石中的锆石晶体，我们检查之后得到的数据是：地球已经存在了大概 46 亿年。

地球最开始是一个炽热的熔岩球，经过数百万年的冷却，逐渐形成了坚固的地壳，也就是大陆和海床的基础。没有人亲自体验过地球内部的炽热程度，甚至无法利用仪器进入内部探测。但从测量的结果和模型来看，地球似乎有一个紧密、炽热的金属内核，周围环绕着一层液态金属层，释放出大量的热量，并且经过自转形成了磁场。

地壳由坚硬的岩石和矿物构成。与地壳相连的地幔主要是岩石，但也包括可以改变形状的半固态岩浆。地壳和上地幔的一部分共同构成了岩石圈。在两者之间是地震波速度发生激变的层，称为莫霍洛维奇界面（简称为莫霍面）。莫霍面的深度各不相同，随岩石圈不同的深度而变化。

仅仅几个世纪前，人们普遍认为地球是宇宙的中心，而太阳、月球和星星都围绕着地球旋转，还认为那时存在的植物和动物会一直保持当时的样子。南极洲大陆直到两个世纪前才被发现，而就在 20 世纪中叶，人们仍然认为参照固定位置的海洋，陆地的位置也是恒定不变的。

现在似乎很明显，大西洋两岸的陆地实际上曾经是一整块"拼图"——就像地质学家阿尔弗雷德·魏格纳所说的"泛大陆"一样，最初只有一块超大的陆地。

直到最近几十年我们才获知了一些数据，表明岩石圈有可能由数十个巨大板块组成，这些板块被称为构造板块。这些板块以缓慢的地质速度在地球表面运动。多年来，它们的持续运动和碰撞导致地壳弯曲、山脉隆起、岛链形成、火山形成和地震的发生。

上图：夏威夷的基拉韦厄火山喷发，在天空形成火山云，熔岩注入海中，形成地壳和空心熔岩管。

解构地球

　　地球炽热的心脏：熔融的铁镍内核被一层厚厚的下地幔包围，外面是液态金属的外核。在它上面漂浮着上地幔和岩石地壳，即岩石圈，由数十个构造板块组成。

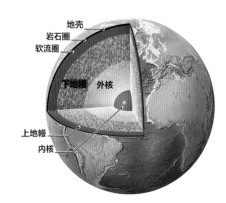

地壳
岩石圈
软流圈
下地幔　外核
上地幔
内核

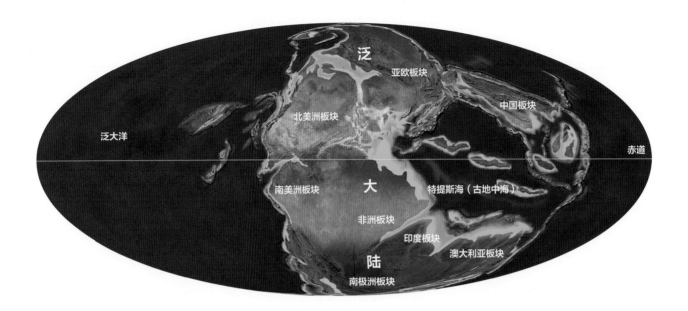

人们普遍认为大陆是由密度较低的岩石物质发展而来，而这些岩石物质是被构造板块的运动推到地表上的。科学家对来自海洋和大陆地壳的数千块岩石进行了分析，发现其中一些岩石拥有超过 40 亿年的历史，而较轻的、从海洋上升起的地壳也有 30 亿年的历史。通过对岩石进行放射性衰变分析可以推导出以下时间轴。2014 年，在澳大利亚发现的 44 亿年前的锆石似乎已经证实现在的陆地可能曾经被淹没了 10 亿年以上。

一旦浮出水面，大陆地壳的面积就维持在了相对稳定的状态：覆盖了地球表面 30% 左右，其余部分则是海洋。多年来，大陆板块一直在缓慢但不间歇地运动，有时被推到一起，然后就会被裂开并扩张的、不停运动的俯冲板块分开，无休止地创造和破坏海洋地壳。在地球的历史上，地球上的大陆曾至少五次被合并为一个巨大的"超

顶部图： 大约2亿年前，移动的板块相撞形成了被海洋包围的泛大陆。

上图： 当印澳板块和亚欧板块撞击在一起时，它们的地壳褶皱抬升，形成了喜马拉雅山。

下图： 地质学家利用这条时间轴对地球45亿年历史中的事件及其关系进行了排序。

地质时间轴

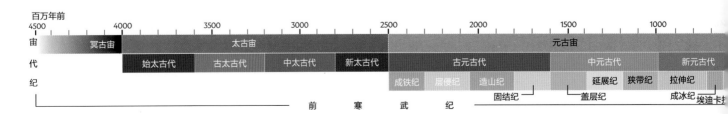

大陆",然后被无情的板块构造运动张裂。这种模式大约每 2.5 亿年就会出现一次。

随着陆地的变化,海洋的形状也发生了变化。大陆架在深度约 200 米处与大陆坡连接,沿着边缘斜着向下形成了面积更大的海洋盆地。全球洋盆深度多为 3 000—6 000 米,占海洋总面积的45%。太平洋约占地球表面积的三分之一,是面积最大的海洋,平均深度约为 4 000 米。大西洋大约是太平洋的一半大,平均深度约为 3 600 米。面积略小的印度洋也略深,平均深度约为 3 700 米。北冰洋大致以北极为中心,总面积约为海洋总面积的 4%,平均深度约为 1 200 米。南大洋是环绕南极洲的海洋。

所有洋盆都具有洋脊火山,其中最独特的位于大西洋,这是一条从北极边缘延伸到南大洋的蜿蜒山脉。海山从占据大部分洋盆的广阔深海平原内拔地而起。平原的边缘则是陡峭的海沟,比相邻的平原深数千米。

近几十年来,确定大面积精确海底地形测量(水深测量)的技术有了极大的提升,人们还能通过钻井进行采样,或者使用人工操控的航行器和机器人直接进入水下观察和记录。随着这些技术的出现,人们迅速加深了对地球洋盆性质的了解。尽管如此,出乎人们意料的是,目前还是只探索了 15%[②]的海洋,绘制出的地图精度只同我们给月球、火星的地图精度相当。

2009 年,当水深测量的结果在谷歌地球上以数字化形式绘出时,所使用的数据是当时公开过的最佳数据,并且第一次让全球各地的数字设备可以轻松获取海底的基本数据。2014 年 3 月,在南印度洋失踪的马来西亚航空公司客机最终无法找到时,海洋数据中信息质量的局限性成了人们关注的焦点。大片海域,尤其是南半球的海洋,其地图的详尽程度还远不如月球背面的地图。

---

② 根据"海床2030"项目发布的最新数据,目前海底测绘百分比已达26.1%。——译者注

重要事件

深海钻探

第一个深海钻探计划于1963—1983年展开,并催生了如今仍在继续的全球计划。人们在海底深处挖出多个圆柱形的地核样本,就像解读树干横截面隐藏的信息一样,对这些样本加以分析,科学家得以揭开地球过去的神秘面纱,从而告知我们未来将要面对的情况。

早期数据支持了魏格纳的海底扩张理论、板块构造理论和关于泛大陆的理论。全球钻探还发现了诸多奇观,比如8 000万年前消失的西兰蒂亚洲的构成,从中可以获知火山活动和气候变化;兄弟火山的稀有金属矿床位于太平洋表面以下2.4千米处;地层深处的微生物依靠微弱的能量可以存活数千年。

上图:一艘进行海上钻探的科考船。

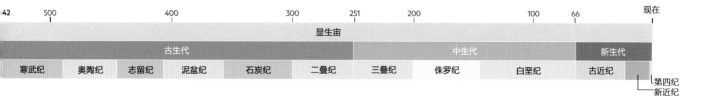

| 42 | 500 | 400 | 300 | 251 | 200 | 100 | 66 | 现在 |

| 显生宙 |

| 古生代 | 中生代 | 新生代 |

| 寒武纪 | 奥陶纪 | 志留纪 | 泥盆纪 | 石炭纪 | 二叠纪 | 三叠纪 | 侏罗纪 | 白垩纪 | 古近纪 | 第四纪 / 新近纪 |

板块构造论：运动机制

我们完全感觉不到板块构造，就像我们感受不到地球在围绕太阳公转的轨道上旋转一样。但板块运动在全球持续进行，形成了山脉和岛链，扩大或缩小了海洋面积，引发了火山喷发、地震和海啸。

板块构造大体上是这样的：地壳和地幔上部构成了岩石圈，岩石圈被分成数十个巨大的板块。它们在地球表面移动，相互碰撞，一个板块俯冲到另一个板块之下，随后张裂，相互挤压。三个关键的板块运动（汇聚、转换和离散）塑造或者破坏原有地貌，也会改变地质边界，并释放巨大的能量，改变地貌，影响地球上的生命。

地质的力量

当巨大的板块在地球表面漂移、碰撞、张裂和彼此挤压时，它们的运动会引发海底扩张、火山喷发和地震。

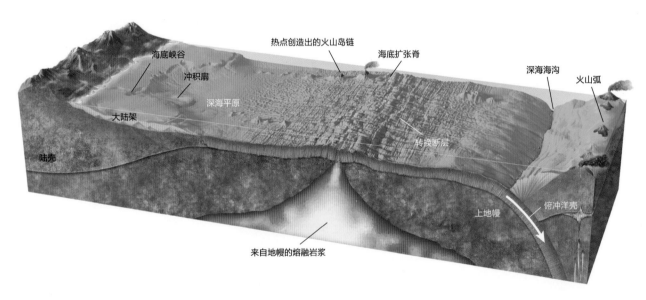

海底峡谷　冲积扇　热点创造出的火山岛链　海底扩张脊　深海海沟　火山弧　大陆架　深海平原　陆壳　转换断层　上地幔　俯冲洋壳　来自地幔的熔融岩浆

汇聚边界

汇聚边界是碰撞区。两个板块碰撞的力量非常大，以至于每个板块的边缘都可能弯曲，从而形成一个巨大的山脉，也就是新的陆壳。当一个板块俯冲到另一个板块下方时，那个位置便会形成一条深海沟。

转换边界

当两个板块相互移动时会出现转换边界。挤压使所有边界处的岩石收紧，直到它们破裂，并以地震的形式释放能量。在离散边界处，两个板块开始漂离分离中心，大多数转换边界便是在这时产生的。

离散边界

在离散边界，板块分开，在海底形成一个裂缝，称为裂谷。在这里，间歇泉喷出过热水，岩浆从下面的地幔中喷涌而出，在接触到寒冷的海水后冷却，形成玄武岩质的新洋壳。

阿尔弗雷德·魏格纳

就像拼图一样，北美和南美的东海岸以及欧洲和非洲的西海岸似乎曾经是一个整体。早在1910年，阿尔弗雷德·魏格纳便如此认为。他提出了泛大陆这一说法，并且认为这些大陆是其中的一部分。他生前一直受人嘲讽，因为他找不到任何可信的原理来支持自己的理论，但最终的证据表明他所言非虚。

在20世纪60年代，科学家们在冰岛附近的雷克雅内斯海岭发现了海底扩张和板块移动的证据。他们在美国新英格兰地区的海岸发现了与欧洲西海岸相同的化石，佛罗里达州东部和北非西部也有类似的化石。

左图：加利福尼亚州的圣安德烈亚斯转换断层是1906年旧金山7.9级地震的震源。

海底景观

　　在地图上，海底看起来很单调，但事实并非如此。相比于海平面以上的陆地，海底的陆地拥有更高的山脉、更广阔的平原和更深的峡谷。当海平面较低时，河流会流入峡谷，而这些峡谷如今已经是被淹没的大陆架，在某些地方被又深又陡的海沟环绕。来自河流的沉积物和无数微型浮游生物的躯壳覆盖了海底，形成了广阔而平坦的深海平原。

　　数千座海底山脉散布在深海平原上，地球上最广阔的地貌（超过 64 000 千米、几乎没有中断的洋中脊）横跨大西洋、太平洋、印度洋、北冰洋和南大洋。大洋中脊中间是一条裂谷，熔岩从中向两侧溢出，随后硬化，并随着下面的板块分离而移动。

下图：一条科氏兔银鲛在加利福尼亚州蒙特雷湾附近的深海海底游弋。

大洋中脊形成了粗糙的新地壳，新地壳冷却之后，随着它远离中脊并下沉得更深，便逐渐形成了深海丘陵。深海丘陵大部分被沉积物所覆盖，这些沉积物来自数百万年来无数浮游生物的躯壳，以及从陆地带到海洋中的淤泥、沙子和泥土。这些沉积物形成了宽阔而平坦的深海平原，掩盖了下面的地形。

海底的大片区域布满了锰结核：那是一种土豆般大小的，由锰、铁、铜和其他矿物质构成的硬块。"挑战者号"（H.M.S.Challenger）勘测船在1872—1876年的考察中首次发现了这种物质，一开始人们只把它当作奇珍异宝，随后才发现它的巨大矿藏和其作为金属的巨大价值。铁是其主要组成部分，锰约占25%、钴和铜各占约2%、镍占1.6%。锰结核中各种金属的含量和占比因地而异，从周围海水中吸取元素并慢慢形成块状层理的微生物也是如此。一个仅核桃大小的锰结核可能有着数千年历史，而且很可能仍在缓慢积聚。

在深水中用拖网捕鱼的渔民偶尔会拖起大块冰冷的物质，这些物质会发出嘶嘶声和爆裂声，然后溶解成气体，只留下一摊水。这种闪闪发光的物质由冻结在水分子的晶格状结构中的甲烷组成，它们被油田地质学家称为包合物或气水合物。天然气水合物形成于深度超过300米、温度接近冰点的地方，在大陆边缘的深海和极地附近很常见。与沉积物混合的气水合物层可能在海底正下方，深度可能超过1 000米。气温升高可能会导致冻结的甲烷分解，并引发海底滑坡，还可能将甲烷释放到大气中。

上图：一只海参栖息在太平洋克拉里昂-克利珀顿区的海床上，矿工在那里寻找富含矿物质的锰结核。

海底景观：包罗万象

坚硬的露岩、壮丽的珊瑚丛、厚厚的海底沉积物以及金属结核和基岩，这些对于海底地貌的形成至关重要。此外，它们中的每一个都涉及海洋中的生物和化学变化，这对认识海洋的生物和化学变化过程来说至关重要。南非的古老海域曾经布满了露岩，在其中有微小的隧道，虾和蠕虫很可能借此钻入海底沉积物深处，仅靠那里的氧气和营养物质生存。在日本附近的太平洋水域，海底以下2 000多米的煤层中可能存在千万年历史的微生物，它们繁衍至今的方式和高效的能源利用可能会推动人类的革命性变革。

上图：红珊瑚。

在海床之上，软体珊瑚虫的珊瑚礁群落依靠自身的石灰岩骨架连接在一起，在创造出美妙轮廓的同时，还为无数生物提供了食物来源和庇护之所。被称为"海底壮观的特征之一"的锰结核在鲨鱼的牙齿或鲸的耳骨周围缓慢形成。在微生物的作用下，骨头周围的水中集聚锰、铁和其他金属，并可能长成拳头大小的块状物。这种金属结核中金属和矿物含量极高，价值极大，由于开采难度大成本高，开采比较少。但新的市场和深海通道的改善正在改变这种状况。

运动中的水下山脉

在对海洋的探索中，对一些近海数据的收集和绘制悄无声息地推动了人们对行星动力学的了解。20世纪50年代，哥伦比亚大学拉蒙特地质观测站的海洋学家莫里斯·尤因和布鲁斯·希森在研究船上使用回声测深仪尝试绘制大西洋海底地图，而当时，希森的研究生玛丽·萨普在他的实验室中分析了收集到的信息。渐渐地，大西洋的海底展现在人们面前：大西洋中央有数百座山峰，高达数千米，就像一个巨大的脊柱一样。绵延不断的山脊的规模和意义开始成为人们关注的焦点。

除了成功揭示了大西洋的构造，尤因、希森和萨普还发现了大西洋中脊与大西洋地震模式之间的有趣关联。通过分析世界范围内的地震数据，他们认为山脉的范围一定延伸到了所有海洋。在国际地球物理年（1957—1958年）期间，全球各地的海洋调查船收集的数据证明，地球表面存在的最大地貌是绵延了64 000千米的山脉，分布于大西洋、太平洋、印度洋、北冰洋和南大洋深处。

不仅如此，萨普还注意到大西洋中脊出现的一条裂谷，这条裂谷比科罗拉多大峡谷更深、更宽，沿着整个山脉的中心向下延伸。此后不久，对于洋底包括这一神秘地貌在内的诸多特征，海洋科学家哈里·赫斯和罗伯特·迪茨提出了一种解释，从而开创了一个新的科学领域——板块构造学，同时还使人们对地壳及洋盆有了新的认识。其中涉及的线索五花八门：洋中脊中部不断被压垮；太平洋边缘和其他地方的深海沟；这些深海沟一侧的火山活跃，地震频发；事实上，靠近海底中心的深海沉积物似乎比大陆边缘的沉积物更"年轻"；大西洋一侧的大陆布局似乎与另一侧的大陆非常吻合，就好像它们曾经连在一起一样。

上图： 在大西洋中脊深2 700米处，鲜红色的硬水母使用两组触手捕捉猎物。

右页图： 在辛格韦德利国家公园，一名潜水员沿着冰岛中大西洋山脊的一部分探索史费拉峡谷。

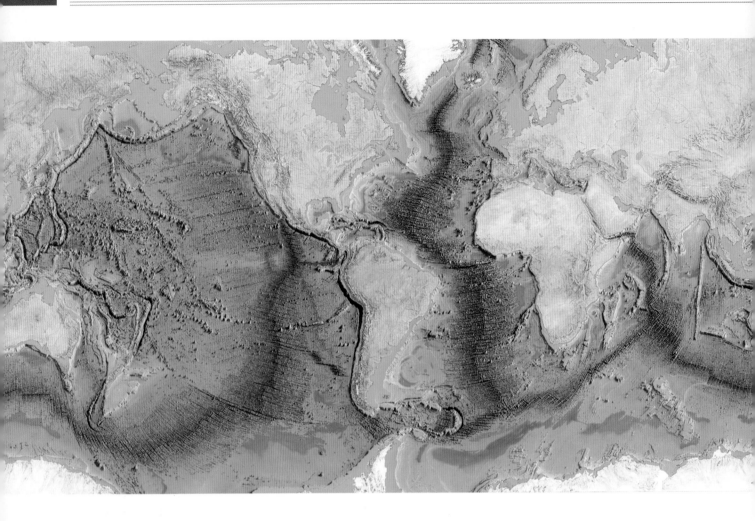

上图：1957年，海洋学家希森和萨普绘制的第一张详细的海底地图中展示了一个环绕地球的洋中脊，为人们广泛接受海底扩张理论和大陆漂移理论铺平了道路。

左图：多岩石的地形是大西洋中脊的地貌特征。

这些线索指向一种可能：海底正在扩张。熔融的物质从地幔上升到洋中脊中部，随后冷却下沉，形成新的海底。然后，在地球内部热流的推动下，这些新的海底从洋中脊两侧逐渐漂远。红海、加利福尼亚湾和东非大裂谷现在已经被确定为新的扩张中心，那里的咸水湖最终将成为新的洋盆，两边的陆地将被推开。相应地，大陆开始漂移。随着海底的扩张，在移动的构造板块上方，大陆也开始移动。当移动的海洋板块触及较厚的大陆板块时，相对较薄的洋壳会被压到或推倒在大陆板块下方，随后海底也会进入深海海沟。俯冲板块越陷越深，当被重新吸收到地幔中时会被热量熔化，其中一些通过在俯冲板块上形成的火山以喷发的形式返回地表。在西太平洋可以看到许多靠近深海海沟的火山岛弧。由扩张板块带动的两个大陆板块发生碰撞时，高原和巨大的山脉便会形成。

地球的磁场会周期性地反转，北极变成南极，反之亦然，对于这种现象发生的原因尚不完全清楚。这种情况发生时，冷却后的岩浆中少量的金属在变成岩石时，会凝固成与北极磁极永久对齐的微小磁铁，这种现象将磁极反转的情况记录了下来。人们首先在印度洋（后来又在北大西洋）的海底扩张脊的两侧发现了宽度、岩石年龄和磁特征都完全匹配的磁条带。

20 世纪 70 年代，一个名为"法摩斯计划"（法美联合大洋中部海下研究计划的简称）的项目开始实施，两国的科学家们带着几艘潜水器参与其中，亲眼确认了海底扩张现象。在两个板块（每个板块都横跨数千千米的距离）之间的狭窄地带，新产生的火山喷发物向上涌动，随后两个板块开始慢慢向两侧移动。

在冰岛雷克雅内斯半岛的最高处，可以看到中大西洋中脊上升到海平面以上，甚至可以作为步行穿过一座横跨欧亚板块和北美板块的"桥"。冰岛西南部的辛格韦德利国家公园的裂谷中充满了无比清澈的海水，吸引了众多勇敢的潜水爱好者前来"打卡"，共同见证深海现象向浅水延伸的景观。

海洋人物

玛丽·萨普

起初，玛丽·萨普绘制大西洋中脊地图的计划被认为是一个玩笑，但这一行动很快就彻底改变了海洋制图界。

在女性很少学习地球科学的时代，拥有地质学和数学硕士学位的萨普在哥伦比亚大学拉蒙特地质观测站担任研究助理。她与地质学家布鲁斯·希森合作，后者曾出海并发回了关于北大西洋深度的声呐测量结果。

当萨普自己逐一整理数据时，山脉、峡谷和中脊（包括中大西洋中脊）渐渐浮现出来。1957年，她绘制了第一张详细的海底地图，震惊了整个世界。

科隆群岛

厄瓜多尔海岸外的科隆群岛是东太平洋海景中的一颗明珠，它横跨从中美洲到南美洲 200 万平方千米的海洋，是博物学家查尔斯·达尔文 19 世纪研究物种演化的著名"实验室"。其中生活着海豹、蝠鲼、双髻鲨等多种海洋生物。

本页图：半水生的科隆海鬣蜥是该群岛独有的生物。

地球的动态火环

　　太平洋的边缘地带是最能证明地球板块构造的证据了。在大陆和海洋板块碰撞的地方，深海海沟附近有一连串活火山。该地区被称为太平洋火环，可谓非常形象了，因为地球上许多严重的火山爆发和地震都在这里发生。

　　在日本东部，太平洋板块沿着日本海沟接近亚洲大陆，并被压入亚洲大陆之下，每年在附近岛屿上发生超过1000次明显的地震，其中还有偶尔发生的灾难性地震。

　　在陆地上，人类基本上已征服了每一座山，并对它们从下到上进行了测量和记录，但人们无法看到大部分山的海下部分，更不用说探索了，我们只看到过许多山的顶峰，却不知道它下面究竟有多深。地球上最高的山也是最高的火山，是夏威夷莫纳克亚火山，从其炽热的峰顶到海平面的高度虽然只有4205米，但继续向下，一直到它被深深埋在海面以下的地基，延伸了6000米，也就是说，它的总体高度，明显高于珠穆朗玛峰的8848.86米。海山是指深海洋底相对高度大于1000米的单个水下山体，500—1000米之间的较小的山峰被称为小山，而海底500米或更小的隆起被称为海丘。海山的存在早已为人所知，但人们只对其中的大约1000座进行过充分的考查并命名，随后在海图上进行了标注。

上图：位于夏威夷火山国家公园的基拉韦厄火山，它从水下熔岩管中喷出熔岩。

右页图：公园内的火山喷发使熔岩流入了大海。

　　卫星的传感器现在可以精确测量海平面的高度以及跨越海洋的重力场的相关数值，海底岩体的引力变化都能够反映在海面上，比如淹没的山脉表现为非常轻微的凸起，海底的海沟表现为凹陷。由于解析这些数据的方法各有不同，所以全世界估计有1.5万—10万座海山。

　　每个主要的洋盆都有成千上万的岩石小岛和珊瑚礁。如马达加斯加岛、斯里兰卡岛、古巴岛和不列颠群岛这样较大的岛屿，它们所在的陆壳是由于海底剧烈的扩张运动而从母大陆分离出去的，或者因为海平面上升或者它们与母大陆连接的岩石受到侵蚀而自行脱离。

大多数海洋岛屿的形成与以下三个区域的火山爆发有关：海底扩张脊、火山岛弧俯冲带上方和地幔静止热点上方。在海洋地图上，我们可以看到许多因热点而形成的岛屿，它们排列成一条又一条如线般的岛弧链。

当孤立的海底火山爆发，岩浆喷出水面，便会在周围形成独立的岛屿。在热带地区，随着水面上的山峰被逐渐侵蚀，其边缘的珊瑚礁可能演变成环礁，并在冷却的岩浆周围形成一个珊瑚礁生物群落。无论形成的原因是什么，几千年来，许多岛屿因火山喷发而形成，而其他许多岛屿被侵蚀或沉没成为海山，这一过程至今仍在继续。

火山岛

海底火山喷发（在海底扩张脊处、火山岛弧俯冲带上方和地幔静止热点上方）形成了新的岛屿。

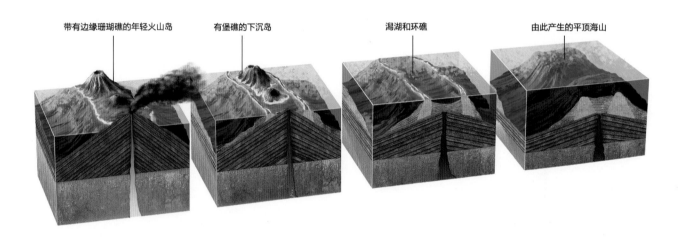

带有边缘珊瑚礁的年轻火山岛　　有堡礁的下沉岛　　潟湖和环礁　　由此产生的平顶海山

潜入深海

地震和海啸

深海地质学可以让我们了解很多关于地震活动的信息，包括地震的原因、由地震引发的致命海啸。世界上已知最深的地方位于马里亚纳海沟（深度超过10 900米），是最能研究以上问题的地点。科学家们相信这里将让他们逐渐了解这一过程。科学家们派出全海洋深度着陆器（冰箱大小的机械化平台，携带有相机、传感器和收集设备）潜入到海沟之中。在最深的地方，岩石采集装置会从俯冲带中采集样本。俯冲带是一个构造板块陷入另一个板块下方的区域，陷入过程会引发大规模的地震活动，震级可从4.5级到8级。在这里，由于板块张裂，太平洋板块俯冲的角度可能特别大，这可能会加剧地震的严重程度。通过分析岩石样本和放置在海沟中的地震计来测量震级，可以确定是什么触发了地震-海啸的循环。

纵观太平洋，数百次海底火山喷发将熔岩融入地球的外地核，其中一些火山喷发上升数千米突破了海平面。无论是在水下还是在水上延伸，这些陆地的延伸大多数都位于太平洋广阔的中部地区，约在南北纬 30° 之间。这些岛屿共同组成了大洋洲。通常来说，大洋洲包括澳大利亚、新西兰、新几内亚，以及密克罗尼亚群岛、波利尼西亚群岛、美拉尼西亚群岛。

澳大利亚一半在太平洋，一半在印度洋，曾是冈瓦纳古陆的一部分，与南极洲相连。包含两个主要岛屿与众多小岛的新西兰曾是一个被水淹没的大陆的主要组成部分，这个大陆名为西兰蒂亚洲。显然，随着对深海探索力度的加大，我们也会逐渐加深对陆地和海洋背后的地理学科的理解。

火山喷发是否越发频繁

当今世界上大约有1 500座被人们认定的活火山，它们主要分布在太平洋火环附近。据称，在任何时间，地球上都有20座火山正在喷发，平均每年共喷发63—80次。这个数字在几个世纪以来一直保持稳定。但2017年的一项研究表明，随着全球变暖，火山喷发的次数很可能会有所增加。对全新世时期冰岛火山喷发增加的研究表明，这个时期（7 000—5 000年前）地球在自然地变暖。

他们的理论是这样的：当沉重的冰川压在火山锥和它们下面的岩浆房上时，岩浆不会发生运动。而随着冰川融化，压力减轻，这为岩浆在火山喷发中从地球表面向外喷射创造了条件。全新世的变暖很可能是由于地球轨道的自然变化而引起的，而如今的全球变暖原因则完全不同——但两者可能都在向着同一个结果发展。

上图：印度尼西亚的布罗莫火山于2016年11月12日—2017年11月12日喷发。

上左图：塞舌尔的圣约瑟夫环礁是一个海洋保护区。

大陆边缘

　　从海岸向海洋方向看去，大多数大陆土地都与大陆架相连，大陆架在有些地方很窄，在有些地方则有数百千米宽，并且周期性地沉入或露出水面，这取决于地球是处于较温暖的时期还是较寒冷的时期。冰期反复出现，在此过程中，水或者以冰川的形式被冻结，或者在全球范围内海平面降低或升高的融化过程中被释放出来。

　　在 18 000 年前的更新世时期，冰盖的覆盖面积最大，几乎所有大陆架都高于海平面。当时，不列颠群岛与欧洲大陆相连；苏门答腊岛、加里曼丹岛和爪哇岛是连在一起的；加利福尼亚的几个海峡群岛是一个整体；佛罗里达州的面积大约是今天的 2 倍。墨西哥湾沿岸水域仍然很浅，在某些地方，你站在离岸几千米远的海底，甚至可以把头露在水面上。不少已经灭绝的陆地哺乳动物（如乳齿象）的骨骼在位于佐治亚州的格雷礁以及佛罗里达州西海岸的远海地区被发现，人们可以一窥海平面远低于现在的时代。全球沿海地区更多陆生动物的海洋化石的发现，都是海平面升高的有力证据。

　　在美国佛罗里达州、尤卡坦半岛、地中海和巴林附近的波斯湾沿岸的海岸数千米处，来自陆地的地下水渗入大海，淡水泉沿着海岸涌出。在智利、夏威夷、关岛、美属萨摩亚、澳大利亚等太平洋沿岸地区都有近海泉水，其中一些与陆地上的河流在地下相连。古老的河流在新形成的沿海区域开辟了新的道路，将大量的矿物质、淤泥和沉积物从遥远的内陆带到了大海。由于周期性的水下山体滑坡，陆地上的浊流（泥浆和来自陆地的悬浮物质组成）最终将其沉积物沉积在深海海底，海底峡谷也因此能够存在至今。

　　在大陆架边缘通常约 200 米深度处有一个断裂的陡坡，一直延伸到深处，这就是大陆坡。这一地质单元能够延伸到 3 000—4 000 米的深处，然后在底部附近与倾斜角度更缓和的大陆隆起连在一起。穿过大陆架的海底峡谷通常会继续穿过斜坡进入深水区。斜坡和隆起加在一起占海洋面积的 8.5%，绵延约 30 万千米。河流带来的沉积物大多积累在这里，这些沉积物从大陆架上层层叠叠，随着时间的推移会形成厚厚的物质沉积。在这一地区，厚的陆壳很可能逐渐变薄。而这一地区之外则是广阔的深海平原。

上图： 塞舌尔群岛，这里生活着锤头鲨、巨龟、海鸟等动物。

右页上图： 印度的大陆架穿过恒河-布拉马普特拉河三角洲进入印度洋。

右页下图： 佛罗里达大陆架的宽度从大西洋的2千米到墨西哥湾的250千米不等。

世界之巅

两极地区有很多共同点。从太空看，两地都闪烁着耀眼的白色，陆地和海洋都覆盖着冰雪，并且都对地球的气候、天气和基本温度状况产生了重大影响，可以说，它们是地球内置的"空调"。每个极点都以一条看不见的线为中心，地球围绕着这条轴线旋转，朝向太阳倾斜 23.5°。到达两极的阳光有着一定的倾斜角度，这导致两极比世界其他地方更冷。当行星绕太阳运行时，每个极地地区都有 6 个月朝向太阳的时间，在此期间基本每天都是白天，然后便迎来了 6 个月的黑夜。当一个极地是冬天时，另一个极地就是夏天。它们是地球上少数全年都以三种形式（固态、液态、气态）存有水的地方。两地在一年中的大部分时间都非常寒冷，并且两极地表之下人类几乎没有涉足。

虽然相似之处比比皆是，但极地海域却有着惊人的不同。北冰洋大部分被陆地包围，包括加拿大北部、丹麦格陵兰岛、俄罗斯、挪威和美国。迄今为止，人们在北冰洋探索到的最深处超过 5 000 米，但由于北极周围异常广阔的大陆架区域，北冰洋的平均深度约为 1 200 米，比其他海洋的平均深度浅得多。在冬季，北冰洋大部分地区被冰层覆盖，一般为 2 米厚，但在水下 30 米的地方，由东向西流动的洋流会让冰层缓慢旋转。北冰洋也随着潮汐发生变动，这也就导致了海冰的破裂和运动。因二氧化碳排放量增加而导致的全球变暖正在使北极海冰大幅减少，预计到 21 世纪中叶北冰洋将出现无冰夏季。

1881 年，一艘美国海军舰艇在白令海峡以北的冰层中被撞毁，三年后，船骸出现在格陵兰岛的西南海岸，这也使北极冰层的运动首次得到了证实。1893 年，挪威探险家弗里乔夫·南森带领 12 名船员登上了"弗拉姆号"（Fram），这是一艘定制的、适合在冰海中航行的木船。他故意驶入有大片浮冰的海域，这艘船也因此在俄罗斯新西伯利亚岛附近被冻在海中。后来，"弗拉姆号"及其船员于 1896 年漂到了挪威斯匹次卑尔根岛。现在，位于冰上和冰下的众多观测站记录了关于北极环境的多个关键信息。

在水下，三座巨大的山脉像一个伸出的巨型爪子一样横穿了北冰洋盆地，这里是北极扩张的中心，被称为南森海岭或加克尔海脊，这是海洋中最深、扩张最慢的海脊。在这里，人们还发现了火山活动和海底热泉，包括喷出极热水的巨大烟囱状喷口以及比周围海水温度略高的低温喷口。

重要事件

地球的极点

地磁场是在地核的液态铁中产生的，其效应可以延伸到太空，保护地球免受太阳辐射的影响。磁场在强度和方向上不断变化，最显著的例子是地球的磁场在 100 万年内完全逆转过几次。"磁北极"一词指的是地球磁场的北极，是指南针读数的基础。由于地轴轻微摆动，两极的精确位置会在大约 9 米的范围内移动。由于地核内运动，磁极每年也会移动。

地理极点（标记地球自转轴末端的地方）是恒定的。1909 年，美国海军上将罗伯特·皮里和探险家马修·汉森率先抵达了地理北极。然而，直到 2007 年，两艘俄罗斯潜艇"和平 1 号"和"和平 2 号"运送 6 名探险家到达海底，即所谓的"真正的北极"。无论是在冰面上还是在 5 600 米多的海底，北极都是地球上最北的地方，从这里开始，所有方向都指向南，所有经线在北纬 90° 处交会。在另一个世界尽头，经线在南极汇合。1911 年，挪威探险家罗阿尔德·阿蒙森首次到达南极。

右页上图：蓝色的冰环绕着法兰士·约瑟夫地群岛，这是一个原始海洋研究区域。

右页下图：海葵在北极的夏日阳光下熠熠生辉，它们在海藻林中繁衍生息，周围长满了珊瑚红藻。

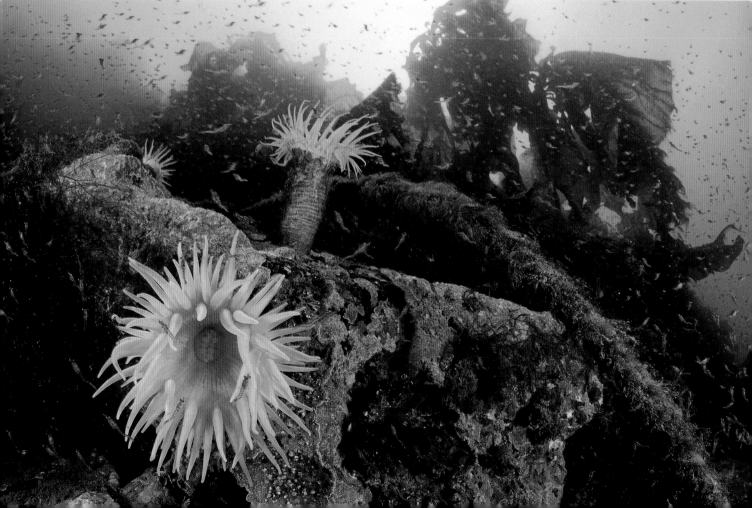

伟大的探索

探索
地球内部

下图："乔迪思·决心号"（JOIDES Resolution）钻探船采集的地核样本中的硅藻化石（一种古代藻类），它能帮助科学家确定海底的历史。

如果沉积物可以告诉我们过去的历史，那么位于富含沉积物的地球心脏（海底之下更深的地方）会向我们分享哪些奥秘？从地壳下方采集一块原始地幔岩石就可以帮助我们了解地球的构成、年龄和历史。

1961年，一项以莫霍面，也就是地壳和地幔之间的区域为目标的钻探考察启动，名为莫霍计划。在下加利福尼亚地区附近，钻机被送到了3 566米的深度，然后又深入地壳183米，最终提取了五个岩心。地幔仍在数千米之外，但地核首次揭示了地球地壳层的构成：上层是中新世沉积物，下层是从大洋中脊喷出的玄武岩或冷却熔岩。

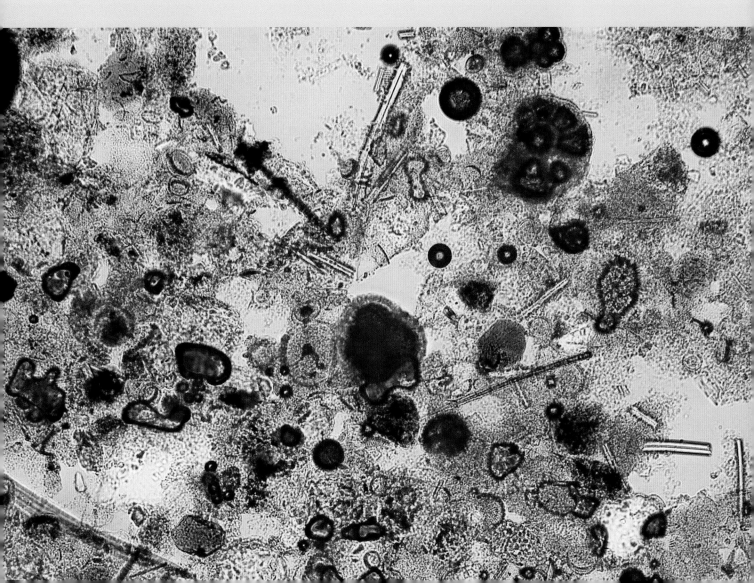

上图： 在日本国立海洋研究开发机构（Japan Agency for Marine-Earth Science and Technology，简称 JAMSTEC）的船只"地球号"（Chikyu）上的蓝色日本国立海洋研究开发机构钻塔里，深海钻机正在等待执行任务。

右图： 地球物理学家在研究地核样本。

在该项研究基础上，1968 年深海钻探计划启动，科学家们利用"格罗玛·挑战者号"（Glomar Challenger）海洋调查船从墨西哥湾获得了岩心样本。同年，美国的"阿波罗 8 号"率先从地球上方数千千米的地方展开探索，这与人们同期在海底进行的研究遥相呼应。

早期的钻探并不轻松。在远海中，"格罗玛·挑战者号"的钻塔将钻头送入海底，并装载着一个超过 6 096 米的管道，以便取出地核或岩石样品。这项技术壮举堪比在纽约的人行道上钻一个洞，然后把一根意大利面从帝国大厦的顶部垂到洞里去。

随着时间的推移，专家们改进了动力定位技术。他们平衡了螺旋桨和推进器的动作，这样能够让船舶在海流和波浪中保持稳定以便准确钻孔。很快，"格罗玛·挑战者号"等船只的钻探带回了数百个岩石样本，为我们解开了关于地球历史的谜团。

今天，根据国际大洋发现计划，科学家们对钻探船"乔迪思·决心号"提取的地核样本进行研究，这些样本表明，在海底 2.4 千米以下（甚至深至地壳），沉积物中形成了一个丰富多彩的生物圈。在那里，微生物依靠极少量的能量生存，而这可能会为我们解开生命起源的秘密。

2015 年，在马达加斯加附近的印度洋海域中，钻探船在亚特兰蒂斯浅滩到达地幔的中部，越来越接近地幔岩浆结晶的原始岩石样本。这样的宝藏能够回答无数的问题，也很可能会提出更多的问题。

第二章

生命的源泉

water—giver of life

为了在其他星球上寻找生命，我们首先要找到水。这是生命形成所需要的唯一不可或缺的东西。地球拥有足够的液态水（约 13 亿立方千米），覆盖了地球表面三分之二以上，平均深度约为 3 682.2 米，而最深处则超过了 11 000 米，达到了 11 034 米。在陆地上，湖面上闪耀着太阳的光辉；河流像银丝带一样蜿蜒着穿过大陆；充满水的云团笼罩着整个地球；冰冻的水在山顶上结霜，冰雪在两极发出白光。地球本质上是一个海洋系统。从热带雨林到沙漠灌木，包括人类的所有生命，都像珊瑚礁或深海鱼一样依赖海洋。

水母身体中 95% 以上是水，仙人掌内约 85% 是水，人类身体中的水约占 70%。虽然我们喝的是淡水，但我们体内流动的血液、我们流出的眼泪都是咸的。陆地和湖泊、河流和溪流中的生命需要淡水才能生存，但这个星球无论是从数量还是种类上占大部分的都是海洋生物。曾经存在的生物的主要分支中，只有大约一半源自陆地和淡水。生命起源于海洋，几乎所有基本的动物生命形式都在海洋中以它们或它们现已灭绝的祖先的形式出现。地球上的绝大多数微生物都是海洋生物，它们分布极广，从海面到海底，甚至到海床之下的地方都有它们的身影。

与矿物质结合的水存在于地幔深处。在地表之下很深的地方（一些人将其称为"海底下的海洋"），相当一部分的水被锁在尖晶橄榄石这种含水矿物中，其中的水能够为生物所用，并且可能与地球上海洋的起源有关。

自然界中纯净的水很少见，溶解在海水中的是一个完整的地球自然元素库，它们以大量无机化合物和有机化合物的形式存在。而且，基本上有水的地方就有生命。在发现海洋对人类的生存至关重要的同时，我们逐渐意识到，对于海洋的性质，我们近乎一无所知，虽然这听上去令人震惊无比，却是不争的事实。

右图：红海中，一只草食性绿海龟盯着眼前的食物。

第40—41页图：伯利兹的蓝洞是一个陡峭的深坑，被不断上升的海浪淹没，它看起来就像是镶嵌在中美洲珊瑚礁附近碧绿海水中的一只靛蓝色眼睛。

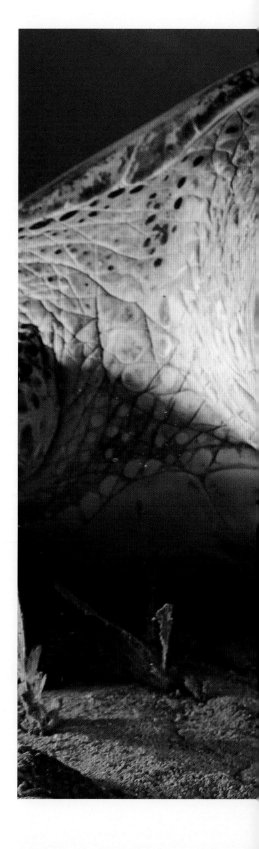

水从哪里来？

　　凭借最近几十年才出现的技术，天文学家在太阳系之外探测到了大量的水，这些水大部分是冰冻状态或存在于云层之中。太空中的水蒸气很可能在大爆炸 10 亿年后出现在宇宙中，这比我们之前的推测要早得多。尽管氢元素存在于宇宙的初始阶段，但氧元素是在较晚的早期恒星形成过程中才产生的。水中的两种元素氢和氧究竟何时以及如何结合在一起的尚不清楚，但现在有证据证实，生命的基本成分水广泛地存在于整个宇宙之中。

　　尽管在我们的太阳系、整个银河系乃至更远的宇宙中都存在水，但除了地球，我们还没有在其他星球发现过活的有机体。水并不依赖生命而存在，但生命离不开水。由于地球上 97% 以上的水在海洋中，因此 97% 的生物存在于海洋也就不足为奇了。

　　水对我们的生存至关重要，但在人类历史的大部分时间里，人们一直未能认清水的本质。古希腊哲学家亚里士多德将水视为构成世界的"四大元素"之一（除了水还有火、空气和土）。直到 18 世纪 80 年代，英国科学家亨利·卡文迪什才证明水是一种化合物，由两个氢原子和一个氧原子组成，以化学式 H_2O 表示。

　　水的组成看起来很简单，但它具有异常复杂的特性，这使其与任何其他已知物质有着明显的不同。它的结构是这样的：每个水分子中由两个小氢原子与一个较大的氧原子非常牢固地结合在一起，并且不是以直线排列，而是有一定的角度。氢原子和氧原子之间有很强的吸引力，一旦结合，就需要巨大的能量才能破坏将原子结合在一起的键。这些键还使水具有高度的表面张力，一些在水面上"滑行"的昆虫和蜘蛛正是依靠这种特性才不至于落入水中。

　　在水分子中，每个氢原子可以在两个水分子之间共享，共同形成一种液体晶格。在大量液态水中，相反的电荷相互吸引并轻轻附着，然后在流动的过程中分离。这简直是一场追逐游戏，数十亿个分子短暂地相互接触，然后继续与其他分子互动。这个过程如同跳舞一般，当水被加热时，舞蹈的节奏会加快，直到键断裂，单个分子以气体的形式飞走。水的沸点是 100℃，冰点则是 0℃。

　　水在遇冷后，水分子"舞蹈"的速度就会变慢，水也因此和大多数物质一样收缩，变得更重、密度更大。但在接近冰点时，水分子中的氢原子会相互连接，形成一个六边形的环形结构，水也因此

上图：水是生命的基础，由两个氢原子和一个氧原子组成。

右页图：剧烈的大爆炸之后，地球上形成了有生命的液态海洋，这也使它区别于宇宙中的任何星球。

形成了固态的冰。冰的体积更大，但质量更轻。像雪花一样，冰晶通常是六边形的，每一条边都奇迹般地与其他边不同。对于水生生物来说，它们很幸运，因为冰会漂浮在水面上，这样便可以保护池塘、湖泊、北冰洋大部分地区以及南极大陆周围大型冰架下方的液态水。

最近，科学家们发现了水的一项新特性，那就是在低温下，当冰的结晶速度缓慢时，水可以两种不同的液体形式存在。更好地了解水的特性可能会影响人类在实际生活中对于水的使用，也有助于揭开一直以来有关生命起源的化学方面的谜团。

数亿年来，地球上的水量一直保持稳定。我们和所有其他生命形式一样，是所谓的水循环的一部分。也就是说，水在地球表面、地球上方和地球内部持续运动。虽然水量相对稳定，但水在不断变化，无论是几毫秒还是数千年，水都一直进行着从液体变成冰或水蒸气的过程。海洋、湖泊、河流和溪流中的水，以及地球上无处不在的生命中的水，最终会沉入地下并以泉水的形式返回地表。或者，这些水会以水蒸气的形式释放到天空中，形成云层，再以雨、雨夹雪、雪和冰雹的形式将水送回陆地和海洋。想想吧，我们今天喝的水可能是恐龙曾经喝过的水，也可能是地球更年轻时深海鱼类的家园，而那时的情况与现在大不相同。今天清爽的柠檬水中的冰可能有朝一日成为珠穆朗玛峰上的雪，或者从大西洋中脊的海底热泉中喷涌而出。

在水循环的过程中，水在塑造地球成为孕育生命之地方面具有特殊的意义，因为水能够吸收和储存大量来自太阳的热量。海洋能够调节和分配不同温度的水，并以此缓解气温可能出现的极端变化。

现在的技术能够让人们进入深海或下到海床探索，这极大地扩展了我们对于水循环的了解。我们现在知道的是，水沿着俯冲带沉入海床的深裂缝中，在那里它变得非常热，以至于岩石中的物质都溶解在水中。这些物质最终通过海底热泉喷回到海洋，并通过火山喷发进入大气。在地壳和地幔中，有很多晶体结构的矿物质，人们认为，这些矿物质中蕴含的水的总量超过地球上的所有海洋。地球深处的水与地表之上水循环之间的关系尚不清楚，这充分说明了关于海洋的动态变化过程，我们还需要进一步的探索、发现。

水循环

上图：斐济塔韦乌尼岛上空的暴雨生动地说明了水循环的过程。

右页图：地下水在不断运动中为湖泊、溪流和海洋进行补充。水蒸发形成云，再以雨的形式回到地面。

不那么纯净的水

　　水对生命来说至关重要，水循环也是如此。今天地球上的水量与生命起源以来一直存在的水量基本相同，这是一个很容易理解的等式。在持续不断的水循环中，水以雨、雪、雨夹雪或冰雹的形式落到地球上，然后又蒸发回到大气中。

　　地球上大约97%的水都在海洋中，当海洋受到塑料、污水和有毒化学物质等人类排放污染物的影响时，水循环就会受到影响，继而海洋、空气、陆地和生物圈之间的相互作用也变得不再顺畅。接着就是一个新循环：循环紊乱，并对生物造成伤害。

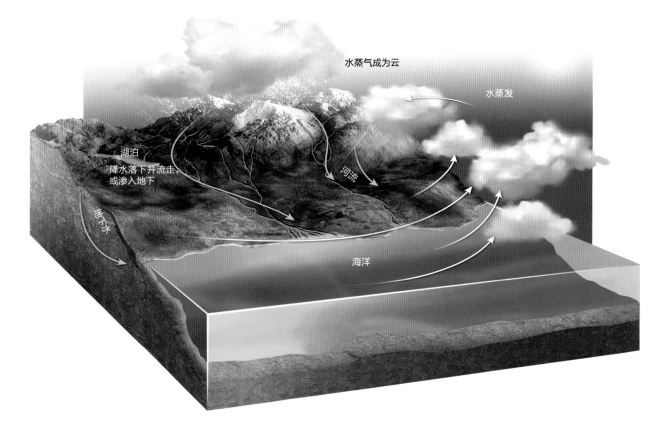

水蒸气成为云

水蒸发

湖泊
降水落下并流走，
或渗入地下

河流

地下水

海洋

充满生机的海洋

从空气和海洋相遇的地方，穿过水体，一直深入海底，整个海洋充满了生机。海洋中有一种看似混乱的秩序，生物要么是捕食者要么是食物。即使是一杯看起来非常清澈的水，也可能存在着数百万个细菌和其他单细胞微生物。其中有的悬浮在水中，有的则作为共生体存在于其他生物体内，就像我们人类体内有助于消化和其他基本功能的微生物群落一样。在细菌以及大多数其他海洋生物的细胞内，病毒比比皆是。从最小的微生物到最大的鲸，每一个海洋居民的部分或全部生命周期都是在水中完成的。水的密度是空气的

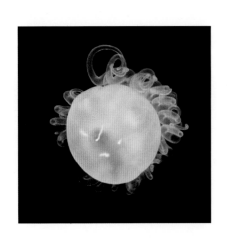

830 倍，黏度是空气的 60 倍。生活在海洋中的生物的结构、生活方式、生活史，甚至大小和体型，都受到海水基本特征的影响。海豚在海洋中像芭蕾舞演员一样敏捷，但在陆地上却寸步难行，而水母身体组织中的脉冲薄膜在被冲上岸时会溶解成一团气泡。

地球的地质和水文为生命的存在提供了必不可少的基础，随着时间的推移，生物与这些基本元素相互作用，将它们塑造成一个动态的、完整的系统，并且不同于宇宙中的任何其他系统。强调"生物"的生物地球化学使地球与众不同。例如，漂浮在海洋表面附近的浮游植物会释放出大分子二甲基硫，在这些分子周围形成的水滴蒸发，在天空中形成云，随后不仅将水带回陆地和海洋，还一同带回了微量的硫元素，而硫正是形成生命所需的重要元素之一。在最初的 25 亿年左右，地球的大气层只有少量的氧气，空气主要由二氧化碳和氮气组成。随后，带有叶绿素的微小生物体的光合作用产生了更多的氧气，这些生物体利用阳光和二氧化碳产生糖分，并将氧气排放到海洋和大气中。具体是什么时候形成了目前大气中的气体比例（21%的氧气，78%的氮气，以及少量其他气体，包括二氧化碳）尚不确定，但很显然，大气中丰富的氧气是生命起源产生的结果。

上图：南极海冰底部生长的微小藻类是南乔治亚岛的成群磷虾的食物来源。

左图：像许多海洋生物一样，这种水母主要由水组成。

微生物统治地球

如果我们用一把汤匙舀起一勺海水，那么这一勺水中可能含有数百万种细菌、一些太古宙的物种和大约1亿种病毒。总之，微生物数不胜数。作为地球上的第一批生命体，微生物对多细胞生物的存在至关重要。在微生物的起源地海洋中，它们是数量最多的生物，是能量和营养流动的重要渠道。科学家们会收集它们制成药物；它们能够影响天气和气候；它们的深海种群以地球内部的化学物质为生，可能为人们探索其他星球上的古老生命提供指导。尽管如此，人们对微生物知之甚少。国际海洋微生物普查计划是海洋生物普查的一个分支，目前正在对微生物进行深入研究，目标是尽可能多地编目物种，并研究它们与人类的演化和环境问题之间的联系。2018年，研究人员在加利福尼亚湾的瓜伊马斯盆地发现了24种新微生物。这些微生物与已经确定的物种截然不同，它们可能代表了生命之树的新分支，而这些新微生物的专长是吃掉污染物。大多数新物种都以甲烷和丁烷等碳氢化合物作为营养物质，这意味着它们可以减少这部分气体在大气中的排放。在未来，这些微生物也许可以成为环境保护者，比如帮助人们清理泄漏的石油。

生物地球化学的作用

层状土丘、石柱和被称为叠层石的片状岩石充分说明了生物地球化学的作用。微生物蓝细菌的黏细胞将矿物质颗粒结合在一起，最终形成具有相当韧性的活性岩层。叠层石目前在西澳大利亚、印度洋和巴哈马的一些地方存在，但它们在过去 20 亿年中一直称得上是全球海岸线的主要特征。关于这种岩石数量急剧下降的原因有以下几种解释：一是食草生物的繁衍；二是改变海水的化学物质在发生改变。除此之外，还有一个观点认为，这种现象可能与越来越多的有孔虫有关。有孔虫是一种带有碳酸钙外壳的单细胞生物，可以产生手指状的伪足，用来吞食猎物。

1857 年，杰出的科学家托马斯·赫胥黎将北大西洋的地质历史描述为用多佛尔白崖上的石灰岩做成的粉笔在生物化石上"书写"的历史。石灰岩通常来自软石灰泥中有孔虫和其他生物的尸骨，随着时间的推移，它们变得紧实并开始分层，形成沉积岩床。珊瑚石灰岩来自珊瑚藻的尸骨，以及具有碳酸钙结构的其他生物，包括苔藓动物、腕足动物、环节动物、棘皮动物和软体动物，真可谓是一个"动物园"。除此之外，珊瑚石灰岩的来源还包括石珊瑚。

20 世纪 60 年代，英国科学家詹姆斯·洛夫洛克观察到，地球的有机成分和无机成分以一种似乎是自我调节的方式共同演化，这是一种综合的生态系统，将地球稳定在适合生命生存的条件范围内。当时，洛夫洛克正在观察其他行星，他确定地球的宜居性不仅因为它与太阳之间合适的距离，使得地球不太热也不太冷，还因为地球上恰到好处的生态系统。他将这称为"盖亚假说"，名字源于希腊神话中的大地女神盖亚。洛夫洛克的基本概念最初引起了许多科学家的质疑，他说："所有的东西，生物、空气、海洋和岩石……还有包括生命在内的整个地球表面都是一个自我调节的实体。"而现在，这一观点已被广泛接受。

在地球存在的 46 亿年中，巨大的地质、化学和生物变化在保证生物繁衍生息的基础上塑造着地球，而整体生态系统也不是一成不变的。纵观生命起源的历史，灭绝和演化的浪潮在地质记录中比比皆是，而剧烈的变化打破了相对一致的历史进程。显然，我们所知道的有利于生命存在的条件，很容易受到我们控制范围之内或之外的环境的影响，但无论如何，只要有海洋，地球就有可能继续存在。

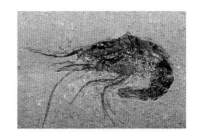

上图：一只在史前水域游泳的虾的形象蚀刻在石头上，看起来很像其今天的后代。

右页上图：被蓝细菌黏合的矿物形成了地球上最古老的化石叠层石，这里展示的是其横截面图。

右页下图：图中是叠层石，人们最初在澳大利亚的西澳大利亚州的鲨鱼湾发现了这种岩石。

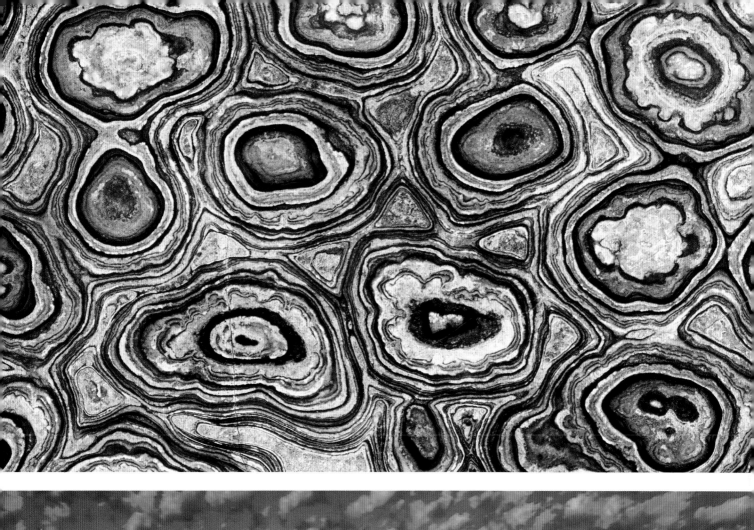

用光制造食物

植物学家中流行一句话："今天你感谢过绿色植物吗？"这提醒我们，应该知道呼吸的氧气来自哪里，食物来自哪里，我们使用的许多产品是怎么来的，以及推动文明达到目前繁荣水平的大部分能源都来自哪里。植物光合作用的基本原理是由英国科学家简·英格豪斯在 18 世纪 70 年代后期发现的。

关于光合作用如何驱动巨大的海洋食物网，人们一直在提出各种新的见解。光合作用发生于含叶绿素的细菌、原生生物和植物中，它们利用太阳能将二氧化碳和水转化为单糖和氧气。虽然叶绿素是参与大多数光合作用的色素，但其他色素同样有助于捕获光能。此外，有些细菌还有一种视紫质-视黄醛的蛋白质复合物，可吸收并利用光能来分解有机碳化合物。虽然估值各不相同，但大气中基本一半以上的氧气（可能高达 70%）是由光合作用生物产生的，这些生物主要位于光照相对较好的海平面以下 10—30 米。一些绿藻（绿藻门）在至少 200 米的深处，不过人们已经在海底 268 米的深处发现了钙质红藻（红藻门），并且在更深处发现了蓝细菌。

关于地球的碳捕获和氧气生产的基本过程，人们很早就知道海藻、海草场、盐沼、沿海红树林，尤其是硅藻和其他浮游植物起到了至关重要的作用，但一种重要的光合作用系统直到 1986 年才被人们发现。在对百慕大附近海水中的浮游生物的研究中，科学家们发现，含有藻青菌的原绿球藻虽然体积不大，但影响很大。这种强大微生物拥有很多种类，并且在全球范围内广泛存在，每年植物产生的氧气中，有 10% 来自这些光合作用生物。这些微生物还是浮游动物极其重要的食物来源，而浮游动物又会成为其他大型动物的食物。

光合作用显然离不开阳光，然而最近的研究表明这种说法有些绝对了。在水下 2 400 米的深处，光合细菌绿硫细菌能够利用海底热泉喷发时散发的微弱放射性光芒，随后与硫结合来获取能量。这些生物所进行的是弱光光合作用。有效收集的光被转移到生物体内的反应中心，在那里进行光合作用。这一发现可能会帮助人们探究光合作用的起源，并且能够了解生物如何在没有阳光的地方进行光合作用。

植物制造糖分，释放氧气

动物以植物为食

光合作用

　　利用太阳能，海洋中的植物将二氧化碳和水转化为糖，同时将生物需要的氧气排放到海洋和大气中。然后，海洋动物也以这些富含能量的植物为食，并形成食物链。

右页图：地球大气中的氧气有一半以上由藻类和其他海洋生物产生。

在黑暗中制造食物

　　1997 年，一个地质学家团队意外地发现了由之前没见过的生物组成的生态系统，它们存在于太平洋的科隆裂谷水下超过 2 000 米深的海底热泉附近。这些生态系统内部生物众多，它们的能量来源是化能合成，即微生物利用化学物质（具体来说是硫化氢）而不是阳光作为能源生产食物。这一发现对长期以来人们关于深海生命本质的观念产生了巨大影响，同时也让人们开始关注替代光合作用生产食物的方法。

　　以前，人们认为深海中的生命相对稀少，只能从海平面附近阳光充足的水域中落下的有机物质中获取能量。但其实深海中还有另一个食物来源：在巨型管虫、大蛤蜊和贻贝的组织内生长的能够进行化能合成的细菌，以及被成群结队的小型甲壳动物、海蜗牛、环

下图：密密麻麻的贻贝和虾群依靠海底喷出的化学物质繁衍生息。

节动物等作为食物来源的大量细菌。此外，人们还发现了一种新的微生物，这种微生物表面上与细菌相似，但在基因上却截然不同，人们因此划分了一个全新的生命领域——古菌。现在，我们已经知道，古菌还存在于浮游生物、奶牛和人类的消化系统中。

自1977年以来，人们已经在海底热泉附近发现了很多由化能合成微生物驱动的生物群落，其中大部分位于深度达近5 000米的板块边界。2000年，人们在印度洋发现了第一个热泉喷口群落，在随后的几十年，人们在北极附近发现了很多这样的地方。2018年，一支国际团队在大西洋中部的亚速尔群岛附近的较浅的水域（570米）中发现了一个新的热泉喷口群落。此外，人们也在黄石国家公园的温泉、沿海沉积物、洞穴和鲸的尸体中发现了化能合成细菌。

人们本以为热量对于与海底热泉相关的丰富生物来说至关重要，而在墨西哥湾的发现却改变了这一看法，在那片冰冷的海水中，人们在冒出甲烷的海底周围也发现了类似的群落。富含能量的液体和气体流入那片海洋，微生物因此获得了能量来源，随后，这些微生物反过来又为长时间存在的细长管虫、大量贻贝和蛤蜊、淡白色的螃蟹、亮红色的海星等许多生物提供了食物。消耗甲烷的细菌在含有气水合物（在低温和高压下在海洋中形成的大量冰和甲烷的结合物）的海洋中也在完成着类似的化能合成作用。

能在各种温度环境中繁衍生息的化能合成微生物让那些想要在地球以外寻找到生命踪迹的人兴奋不已。有人猜测，像地球一样，在木卫二（木星的一个卫星，在厚厚的冰层下似乎有一片液态海洋）深处的某个地方可能有一个没有阳光的绿洲。

化能合成

从海底热泉喷口喷出的硫化氢为微生物群落提供能量，这些微生物群落反过来为其他生物提供养料。

潜入深海

在深海进食

想吃点儿什么？在海面上吃一顿日光浴午餐？或者来一杯海底熔化的金属制成的汽水？从海面到海底，整个海洋就是一个美味厨房，为所有生命形式提供极致的盛宴。在海平面以下10—30米处，阳光倾泻在富含叶绿素的浮游植物上，驱使它们将二氧化碳和水转化为单糖和氧气。它们反过来又为海洋食物网中更高层次的生命提供食物。某些浮游植物（含有藻青菌的原绿球藻和具有吸光色素的大型藻类）可以在200米或更深的地方实现太阳光合成。在没有阳光的深处，微生物或覆盖在岩石上，或生活在管虫、贻贝和蛤蜊身体内，它们吸收从海底热泉喷出的甲烷和硫化氢等化学物质，并将它们转化为碳水化合物。在整个海底以及海底之下，这种"自助用餐"的形式随处可见。沉船船体上的微生物通过利用不同金属之间的电子流而生长。海底岩石中的微生物可能会从自身与玄武岩的化学反应中获取能量。2019年，科学家们发现了微生物的另一个食物来源：在2 500万年前深海沉积物中那些生物尸体中发现了古老蛋白质。那里的微生物基本上以DNA为食。

照亮深海

来自太阳的光经过 1.5 亿千米到达地球大气层，其中一些被各种气体、水蒸气、云、粉尘、花粉、烟粒和其他构成空气的成分反射回太空。而真正到达海面的阳光都被海水有效地吸收，即使在最清澈、最平静的海水中，也只有 1% 的阳光能够渗透到 100 米的深度。透光层（或者叫真光带）指的是被阳光照射的水体。在 600 米深的地方，可用光相当于微弱的星光；在 693 米处，阳光的强度约为海平面的百亿分之一；1 000 米以下则是一片黑暗的无光带。光对人类是如此重要，以至于我们很难想象地球上的所有生命在特定时间里都生活在黑暗之中。而且，由于生物圈的 97% 是海洋，海洋的平均深度为 3 700 米，因此绝大多数生物一直生活在黑暗之中。

去过水下 10 米左右的潜水员知道，随着深度的增加，光的质量和数量都会减少。海洋探险家雅克·库斯托对红色的血液在水下 20 米左右会呈现绿色，而到了 50 米以下则会呈现明显的蓝色的现象大为惊叹。动物学家威廉·毕比描述了他在百慕大附近的海域中目睹的光线变化。包括他在内的两个人乘坐球形潜水装置进入水下，透过舷窗他看到红色、橙色、黄色、绿色和蓝色依次消失，只留下最微弱的紫罗兰色。最后，水下完全变暗，只剩下黑色，每一道光都消失了。海洋中阳光和黑暗交界的确切位置取决于当时的时间、季节、天气、海面的平静程度和水的透明度。

在海洋中，许多细菌、原生生物和动物会产生光（生物发光现象）或者它们具有的特殊发光器官中含有共生的发光细菌。另一种光现象——生物荧光是当生物吸收光并加以转换，随后以不同的颜色重新发出光，这种现象人们通常无法用肉眼看见。人眼可以感知的电磁波波长范围是 380—740 纳米，基本上只包含彩虹的颜色。海洋中的动物适应性极强，它们能够感知并利用光，有些动物的眼睛还能够辨别可见光和紫外线。

左图：太平洋中北露脊海豚游向阳光。

上图：远海中的旅行伙伴，一条幼年的黄鳍鲹栖息在翻转的水母的触须中。

海洋深度与压力

在海平面以上，我们生活在空气之海的最底部，其高度超过 97 千米，每平方厘米中的空气压力为 10.4 牛。在陆地的最高点——珠穆朗玛峰的顶部（8 848.86 米高），空气的压力减少到每平方厘米 3.13 牛。在 11 000 米的高空（许多客机的巡航高度），大气的压力低于每平方厘米 0.7 牛。在海下 2 000 米处，压力是海平面大气压的 200 倍；在海下 11 000 米处，压力约每平方厘米 11.02 千牛。

"挑战者号"勘测船于 1872 年从英国出发去探索全球海洋，当时的人们普遍认为，在一定的深度之下，是没有生命存在的。即便是有阳光射入，巨大的压力也是任何生物都无法承受的。随着人们使用渔网、拖网和带饵的鱼钩等带回了很多奇异的鱼、海星、海绵、章鱼和水母等，海底是各种生物的家园的观念取代了之前"荒地"的观念。困惑了生物学家们几十年的问题终于有了答案：生物可能存在于海洋的最深处吗？当然可能！

但接下来有一个问题至今仍然没有答案："它们怎么生活？"一些线索已经浮出水面。

空气是各种气体的组合，而且可以被压缩，不过水和油的可压缩性要小得多。鲨鱼和鳐鱼大而富含油脂的肝脏，可帮助它们在水下保持浮力，但鱼体内充满气体的鱼鳔很容易受到压力快速变化的影响。如果将李子或葡萄这样的东西放入深水中并再次拉起，会发现它娇嫩的外皮没有受到任何损坏，因为里面含有的水是不可压缩的。但是如果将密封的烟草放入海底，它就会被水压压碎，因为它包含的空气是可压缩的，压力通过薄薄的锡箔纸传递给烟草时就会被压碎。

海洋哺乳动物、海龟、海鬣蜥、潜水海鸟和人类都需要返回水面呼吸空气，并且它们的肺和鼻窦中的空间留给了可压缩的空气。尽管如此，经过数百万年的适应，棱皮龟经常潜水到 1 000 米多深，而象海豹则可以潜到 2 000 米多深。抹香鲸能下潜到更深的地方去吃深海鱿鱼。不过，下潜方面的冠军当数神秘的、鲜为人知的柯氏喙鲸，它能够在远海下潜到约 3 000 米的地方。

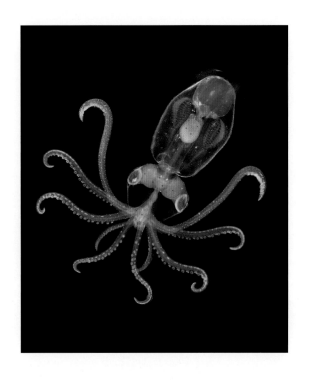

上图： 一只大鳍武装鱿用自己的生物荧光照亮了它的深海家园。

右页图： 使用一种特殊的过滤器捕捉到生物的荧光色调。这些生物的蛋白质能够吸收蓝光并显出鲜艳的绿色、橙色和红色。

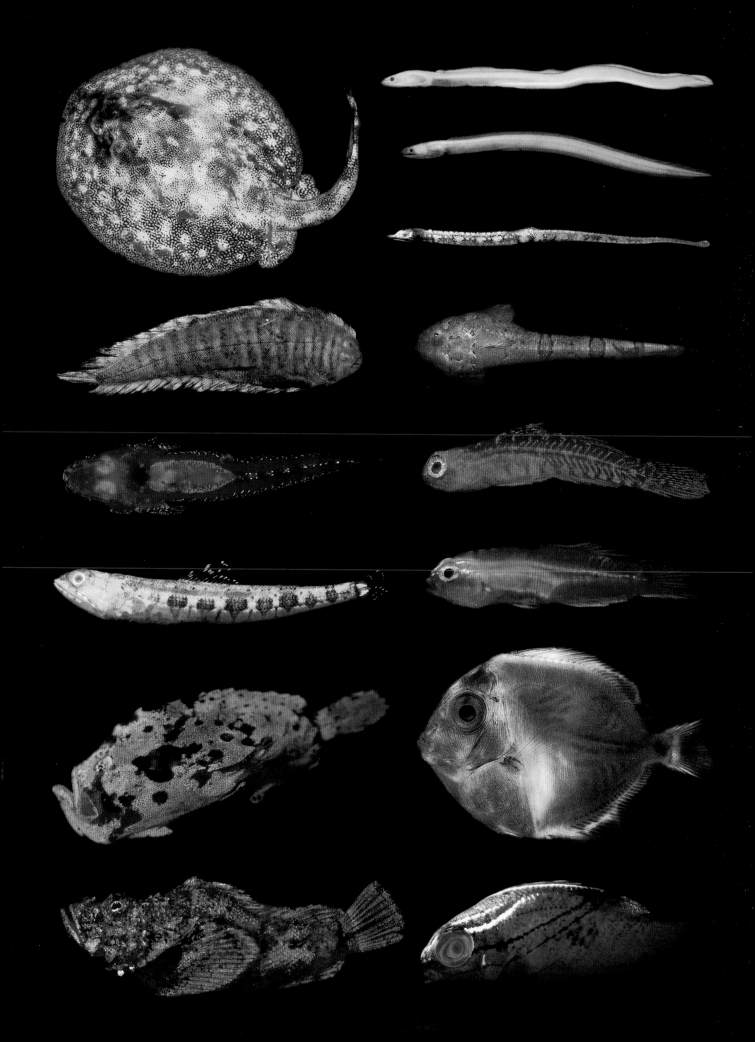

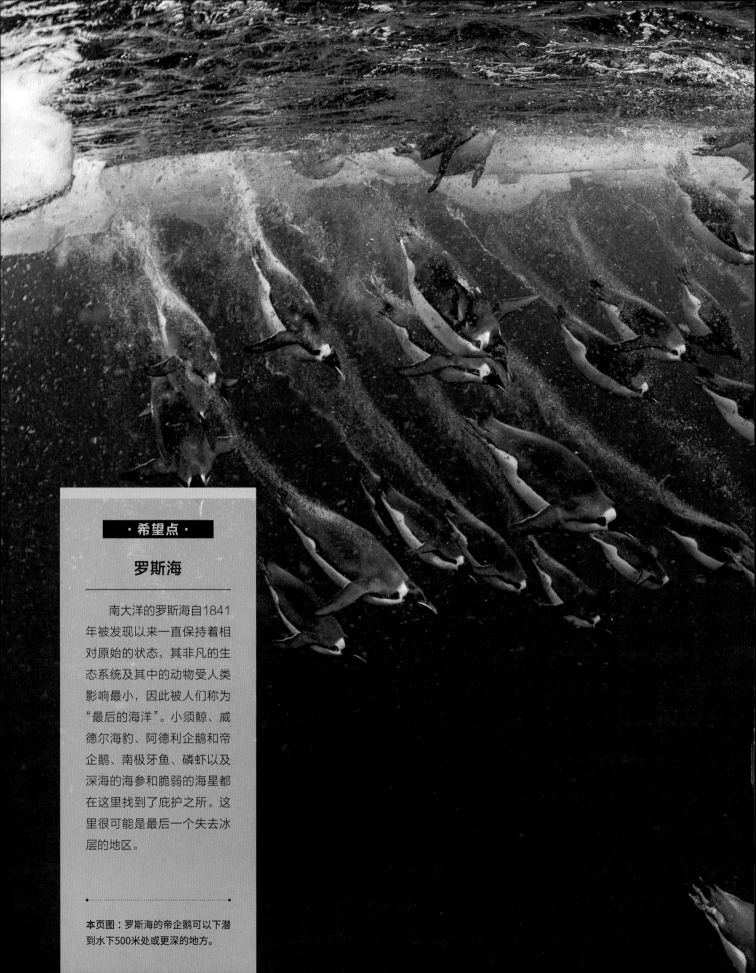

罗斯海

———

　　南大洋的罗斯海自1841年被发现以来一直保持着相对原始的状态，其非凡的生态系统及其中的动物受人类影响最小，因此被人们称为"最后的海洋"。小须鲸、威德尔海豹、阿德利企鹅和帝企鹅、南极牙鱼、磷虾以及深海的海参和脆弱的海星都在这里找到了庇护之所。这里很可能是最后一个失去冰层的地区。

本页图：罗斯海的帝企鹅可以下潜到水下500米处或更深的地方。

水和眼睛

如果你在没有戴潜水面具的情况下在水下睁开眼睛，即使是在游泳池里，你看到的东西也会变得模糊，图像会失真。那包括鱼在内的各种动物是如何在海中，尤其是在深海的黑暗世界看到事物的呢？在我们看不清的地方，它们能看清楚吗？答案与水和眼睛的特性有关。

对于陆生动物来说，阳光从空气中穿过角膜和晶状体时会发生折射，从而在视网膜后部投射出清晰的图像。但是穿过水体而进入眼睛的光线会以不同的方式弯曲，除非用潜水面具校正，否则图像便会模糊。海豹、水獭和企鹅的角膜和人类一样相对平坦，但球形晶状体却类似于鱼类。实际上，海豹在水下比在水上看得更清楚，因为它们的晶状体中有一个大虹膜，在浸入水中时能够完全打开，其中的内壁还可以反射并放大可用光线。

下图：这双复杂的眼睛属于深海中的章鱼，它的视网膜能够调节前后距离，使焦点更加清晰。

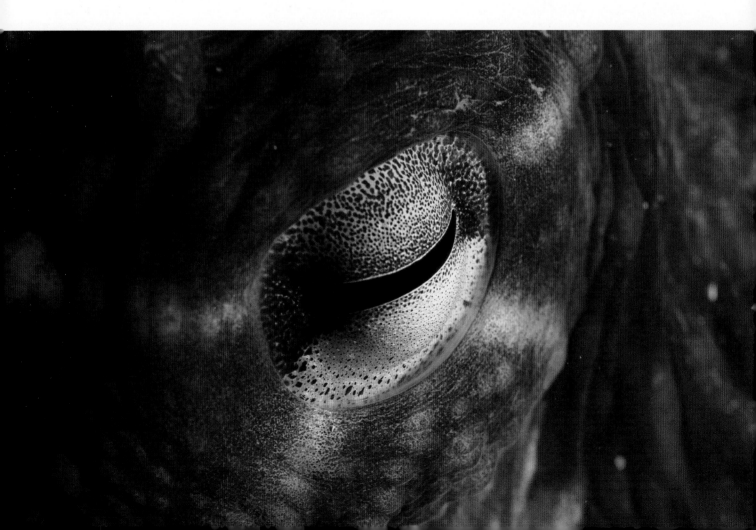

虽然鱼类眼睛的构造很像人眼，但其实它们的眼睛是专门适用于水下活动的。鱼类的晶状体比人类的更圆，能够帮助角膜折射穿过水的光线，而特殊的肌肉将晶状体移近或远离视网膜以微调焦点。

大约 33 000 种已知鱼类的眼球结构具有极强的适应性，但其中特别值得注意的是管眼鱼。研究人员使用遥控潜水器在水下 600—800 米的深处观察这种拳头大小的黑色鱼，它一动不动地悬浮在水中，将它的两只管状眼睛从垂直向上的位置（适合寻找猎物和躲避捕食者）旋转到正前方，从而可以看到自己吃的是什么。它的头部被一个充满透明液体的透亮头盖罩住，从而让更多的光线到达眼睛，并保护其免受凝胶状猎物的刺细胞的侵害。

上图：管眼鱼圆顶的头部内，具有敏锐视觉的管状眼睛，它们依靠旋转以快速发现猎物。

海洋中最复杂的眼睛当数头足类，比如章鱼和鱿鱼。章鱼的眼睛在结构上类似于脊椎动物的眼睛，能够通过肌肉动作调整晶状体，从而实现清晰的聚焦。大王鱿的眼睛有餐盘那么大，其中有一个橙子那么大的晶状体，能够捕捉到任何可能存在于海面以下 500—1 000 米处的光线（这些光线通常是生物发光产生的），巨型鱿鱼可以在这里捕捉猎物，同时检测周围是否有捕食者。

对于许多动物来说，海洋是不折不扣的可见光、紫外线的"灯光秀"。人类的眼睛只有 3 个颜色受体，而螳螂虾则有 12 个受体，每天都在万花筒般的世界中活动。就像它的原始种型三叶虫一样，它的复眼拥有数千个独立的细胞，它们相互协调工作来捕捉偏振光和紫外光。深海是地球上大部分生物的家园，在人类看来，这里是永恒的黑暗之地。但如果我们拥有螳螂虾、巨型鱿鱼或管眼鱼的视觉超能力，我们可能就不这么认为了。

潜入深海

深海中的灯光秀

从海洋表面到海底，超过 1 500 种已知的海洋生物能够以生物发光的形式发出化学光线，其中便包括细菌、水母、虾、鱿鱼、鲨鱼等。闪光可以发出潜在配偶的信号，或者引诱猎物，又或者可以迷惑潜在的天敌。灯颊鲷眼睛下方的特殊发光器官中生活着生物发光细

上图：一条单鳍灯颊鲷。

菌。为了不暴露自己，或者通过灯光闪烁发出信号，灯颊鲷可以在灯的上方升起或降下盖子。根据观察，从海面到海底有 76% 的动物是可以进行生物发光的。这些统计数据表明，深海正在上演一场大型的灯光秀。

水中的声波

列奥纳多·达·芬奇在 1490 年写道："如果让船停下来，把一根长管的一头放在水中，把另一头放在你的耳朵上，你能听到离你很远的船只的声音。"声音在海洋中的传播速度比空气中快 4 倍多：在鱼类生活的领域中声音的速度是每秒 1 500 米，而在鸟类和人类的领域则为每秒 330 米。虽说无线电波在海洋之上是一种十分可靠的通信方法，但在海洋中并不能很好地发挥作用。你可以拿起电话与国际空间站的航天员或地球另一端的人通话，但无法与水下 3 米的人通话。

无线电波在海水中传输受限是由于海水传导和吸收电波的特性。在海上，长波的传播或传导优于短波。人们会使用极低频在水下进行通信，这其实是在模仿鳍鲸和蓝鲸数百万年来一直在做的事情，也就是使用长波、低频的呼叫与数百千米外的鲸联系。

大海是一个安静的地方，但在海底很难摆脱声音。气泡、水花、波浪、雨、风、海冰破裂、海底火山喷发和其他自然现象会产生各种声音，再加上许多人为的噪声源也传入了海洋。此外，所有海洋哺乳动物都会发声，所有鱼类也可能会发声。石首鱼能发出低沉沙哑的声音，包公鱼会发出咕哝声，石斑鱼会发出强大的低频嗡嗡声。鱼有三个耳骨（耳石），其功能是保持身体平衡以及捕捉声音，也可起到计时的作用。随着鱼的生长，连续的环纹就会留在耳骨（耳石）上，就像树上的年轮记录其年龄增长一样。许多无脊椎动物都是出了名的吵闹，特别是著名的手枪虾。大螯虾会发出咕噜声，并且像许多其他甲壳动物一样，它长着敏感的毛发，可以检测到声音的振动。螳螂虾能够用力合上前爪，发出的声音可以击晕猎物，甚至打破水族箱的玻璃。

20 世纪 90 年代，人们发明了一种方法，利用海洋中的声波监测全球变暖和厄尔尼诺事件等，从而关注海洋温度的大幅变化。该项目被称为"海洋气候声学测温计划"，过程包括从水下扬声器发送低频声音信号，然后追踪声波到达停泊在数千千米外海底的接收器所需的时间。由于声音在温水中比在冷水中的传播速度更快，因此在长期测试中，如果传播时间越来越短则可能表明海洋正在变暖。虽然这个想法很有创意，但人们担心声音信号的频率和强度可能会影响海中的生物。

上图：蓝鲸是地球上最大的生物，这头蓝鲸正在哥斯达黎加水域游动。

右页上图：阿根廷海岸附近的南露脊鲸通过喷水、呼叫在家族群中进行交流。

声波

　　下图展示了破坏鲸和其他海洋生物之间交流的自然声音和人为声音。超过120分贝的噪声会干扰生物活动。

风暴和地震是巨大声音的来源，但动物本身也制造了噪声，例如鳕鱼，它们在产卵季节会咕噜咕噜地叫。

260 石油勘探气枪
　　 闪电
250

超过 170 分贝的声音会伤害海洋动物。

200

192 货轮

170 露脊鲸

150

120—170 分贝之间的声音会影响生物活动。

105 鳕鱼
100 95 潜水艇
80 风，雨

50

声音强度：分贝越高，声音就越有可能伤害动物。此处展示了一些来源。

0 dB

石油勘探气枪
货轮
风雨
闪电

一头露脊鲸在呼唤另一头鲸时面临着双重挑战：噪声的强度和频率，这也对许多海洋动物造成了影响。

强烈的噪声，例如从海底弹回的气枪爆炸声，会淹没动物的声音，并可能导致听力损伤和其他损害。

频率接近的声音会相互干扰，相互抵消。千米外船只螺旋桨的声音可以掩盖露脊鲸的叫声。

露脊鲸

露脊鲸

潜水艇

鳕鱼

海底

图像未按照实际比例绘制

频率以赫兹（ Hz ）为单位，声音频率越低，波长越长。鲸的叫声频率与许多其他来源的频率重叠。

货轮　　露脊鲸
气枪　　　　　　闪电
　　潜水艇
　　　　　　　　风
鳕鱼　　　　雨

0 Hz 10　　100　　1,000　10,000 100,000
极低　低　　　　中等　　　高

海水为什么是咸的？

水在冰和蒸汽的形态下基本上不含盐，但由于水的极化特性，水分子不仅容易相互吸引，而且还容易吸引其他物质，这一特性使水成为一种近乎通用的溶剂。物质很容易溶解在水中，以至于自然界中很少出现纯水（不含任何物质的水）。雪、雨夹雪和雨水与空气中的物质结合在一起落到地球上，其中既有烟粒和粉尘，又有额外的溶解氧和溶解二氧化碳。河流中的岩石逐渐被水侵蚀，于是，河流中就有了数百万吨的悬浮矿物、砂、沉积物和有机物。虽然大部分沿途沉淀下来，但众所周知，河口附近富含源自上游并被带入海洋的物质，这就是为什么海水中会有一些矿物质。但大部分的咸水很古老，起源于地球形成初期从火山和海底热泉喷出的富含矿物质的水。大多数海水只有 96.5% 是水，其余的由氯化钠（盐）和不同量的其他物质组成。

水的密度随温度和盐度的变化而变化：咸水比淡水密度大，冷水比温水密度大。在河流汇入大海的地方会发生水的分层现象，淡水会"漂浮"在咸咸的海水上。但是，如果淡水的温度足够低，它就会下沉到较温暖的咸水之下；相反，温暖的、高盐度的水会沉入较冷、盐度较低的水之下。这些密度差异驱动着海洋各个层面的水流。在远海，盐度约为 35‰，当然，其盐度也取决于降雨、地表蒸发和来自河流的淡水流量。在河流与海洋交汇的地方，盐度可能低于 20‰，对于沼泽、红树林、海草场、牡蛎以及其他可以在广泛的盐度范围内生长的生物来说，这是一个非常有利的环境。

多年来，当部分海洋因陆地变化和海平面变化而水量减少时，就会形成大量盐沉积。在美国的大盐湖、五大湖地区以及地中海等地区，人们获取到了大量的盐，而这些盐便是来自古代海洋中的大量盐分。在墨西哥湾深处，古老的盐层渗出的咸水比周围海水的盐度高几倍，因此比周围的海水更重。对大多数动物来说，海洋中的咸水池是致命的地方，但随之产生的甲烷为微生物提供了能量来源。并且，咸水池旁通常被密密麻麻的贻贝床包围，这也为螃蟹、虾等生物提供了庇护之所。

右图： 塞舌尔的圣约瑟夫环礁潟湖的漩涡中，六线豆娘鱼、白斑笛鲷和乌翅真鲨在一起盘旋。

伟大的探索

盐：
一个关于
海洋的故事

下图：一艘沉船的肋拱成了它在黑海底部的坟墓。

为什么海水是咸的？关于这个问题的答案，无论是公元前 4 世纪希腊的亚里士多德，公元前 1 世纪罗马的老普林尼，16 世纪意大利的发明家达·芬奇，还是 17 世纪英国的罗伯特·博伊尔，每个人都有自己的解释。

1715 年，天文学家埃德蒙·哈雷提出，河流在流向大海时从岩石中浸出盐分和其他矿物质，随着时间的推移，这些物质汇聚于海洋，使海水具有一定的盐度。直到 1951 年，同时代的科学家有了更全面的观点：随着海洋的形成，钠已经从海底浸出，再加上海底火山和海底热泉喷出的物质中包含了氯、镁、钙、钾和硫等元素。

这些溶解的盐占海水重量的 3.5%。如果可以将它们聚集在陆地

上图左：加里曼丹岛的巴兰河河水流入大海，在入海处，河水与海水形成明显交界线。

上图右："挑战者号"勘测船在执行全球研究任务（1872—1876年）时证实了海洋咸度的一致性。

上，它们将形成一层约152米的高台，相当于40层的高楼。

　　我们不喝海水，但我们确实需要盐。我们体内的盐分能够平衡体液和电解质，并有助于神经和肌肉的功能。海洋中的生物提供了地球上几乎一半的氧气，海水供养着地球上的大部分生物。一些海洋动物的身体能够适应持续不断的水流，并通过鳃、肾脏、皮肤和特殊的腺体排出多余的盐分。科隆群岛的海鬣蜥吸入海水之后能从鼻子中喷出盐。

　　深海洋流是由水的盐度和温度驱动的。随着极地海冰的形成，盐分会析出，使周围的水变得更咸、更稠密。随后，盐水下沉，引发深海流，推动全球海水传送带，以此调节天气和气候。海洋还从大气中吸收多余的热量和二氧化碳。

　　水的含盐量越高，它所含的氧气就越少。当它吸收和驱动水流时，它可能在某些区域也形成缺氧层（非氧化层）。在这些地方，生物几乎无法生存，但这些地方却为保存人类历史创造了理想的环境。考古学家们使用远程成像技术在黑海缺氧层发现了40多艘保存完好的木制沉船，其中一艘已有2 400年的历史，那里的深度超过了1 600千米。与在富含氧气的咸水中的残骸不同，在缺氧地带，船的木头会被蠕虫、细菌和其他生物体吞噬，而这些残骸至今仍然是养育古老生物的近乎原始的熔炉。

　　自2012年以来，科学家们开始使用卫星、滑翔机器人等科技追踪海洋上层的盐度变化及其对水循环和气候的影响。其研究结果有助于监测、理解并模拟全球海洋中的水循环，同时还能让我们知道这会对人类造成什么样的影响以及我们应该如何应对。

第三章

流动的海洋

motion in the ocean

空气位于海面之上，两者在分界面合在一起，形成了一个由密度差异决定的水和气体的连续体，上面较轻，下面较重，但两者结合成一个紧密的系统，包裹在地球表面。在海洋接触陆地的地方，大气能够延伸到更远的地方，将海洋中的精华带到内陆。大气、水、土地和所有生物共同构成了这个生物地球化学的奇迹。各个元素充分参与，彼此之间相互联结，并且与来自太阳的能量密不可分地联系在一起，从而组成了我们所知道的宇宙中唯一适合生命生存的地方。

有时，海洋如镜子般平静，反射出清澈的天空，留下海天一线般的景色。但海洋从来都不是一直这般安静的。海洋的不平静源于太阳、月球和邻近行星给地球施加的力，除此之外还有风、地球的倾斜和自转、海底地形、地震和火山活动。温度和盐度都有不同，甚至生活在其中的小型、中型和大型生命形式的运动都存在差异。再加上人类活动造成的干扰，特别是目前这个机动化航运的时代，导致海洋中形成了一个极其复杂的相互作用的洋流系统，并且在不断变化。

风暴在海洋表面卷起水流，并以波浪的形式散发着能量，冲击着遥远的海岸。融化的冰、崩塌的岩石和冰川以及移动的海岸线都会成为影响海洋运动的重要变量。人们大部分时候是可以预测潮汐的，不过，当海洋之上或之下发生细微或突然的变化时，潮汐会以意想不到的方式改变。偶尔由水下地震引发的巨浪（或者海啸），便会打乱规律的潮汐节奏。

在指南针、航海天文钟、六分仪和卫星出现之前，古老的水手通过观察星星、洋流和波浪推断位置和方向。如今的技术已经可以实现从海面上方以及更多地从海洋内部来纵览全球，最终解答诸多问题，包括波浪、潮汐和洋流如何产生以及如何更加准确地对它们加以预测。

右图：飓风"桑迪"在2012年席卷了美国东部沿海地区，但与此同时，它还在纽约法尔岛的东端制造了一个新的入口。

第70—71页图：2019年，美国海岸的巨大海浪产生的能量相当于美国全年生产的电能的一半以上。

海洋中的空气与水

海洋吸收和储存的热量是大气的 1 000 多倍，是地球温度的主要调节器，通过一个由相互联系的海面海流和深海洋流组成的全球系统，即"传送带"，分配冷暖水。海面上明显的海流与海下的深层环流有关。大气中也有环流，这两个领域都在风的作用下不断运动。洋流也会因地球的自转和倾斜以及温度、自然地理、重力、压力和盐度的差异而发生变化。

太阳辐射在赤道最强，在极地最弱。当空气中的气体分子受热时，它们的移动速度加快，并开始分散并向上移动，在地球表面留下了一个低气压区。冷空气中的分子速度减慢，相互之间的距离靠近，然后开始下沉，便形成了高气压区。大气中的风主要是由空气从高压区流向低压区引起的。两个区之间的气压差异越大，空气的运动速度越快，因此风力就越强。地球的自转影响大多数风的方向，在北半球向右偏转，在南半球向左偏转，这种现象称为科里奥利力。

20 世纪早期，英国科学家吉尔伯特·沃克爵士观察到，当西太平洋的气压升高时，东太平洋的气压就低，反之亦然。20 世纪 60 年代，挪威气象学家雅各布·比约克内斯将这种浮动模式与南美洲西海岸暖水的出现联系了起来。这种现象被称为厄尔尼诺，会造成海洋生物的大量死亡并扰乱渔业生产。后来，人们通过卫星和仪器阵列对海洋和大气进行了全球范围内的观测，迅速增加了对海洋-大气这一密不可分的系统的了解。研究人员发现，当赤道西太平洋温暖水域的气压比平时低时，赤道东太平洋较冷水域的气压就会升高。然后，与厄尔尼诺相对的拉尼娜将信风从东吹向西，同时将寒冷的海水推向西面。这时，深水上涌，将营养物质带到海平面附近，导致浮游生物大量繁殖，从而吸引大量的鲲鱼等生物前来进食。

这种符合物理规律的海-气相互作用，随着深海勘探的继续和精密仪器的使用，越来越可预测。然而，海洋的主要区域中存在着诸多变数和未知因素，这也导致了气象学和海洋学中的不确定性。众所周知，海洋正在升温，自 20 世纪 80 年代以来，升温速度迅速加快。升温的结果便是地球上出现了更强的风、更猛烈的风暴、海平面的上升和气候的严重破坏。

华莱士·布罗克

地质学家华莱士·布罗克将连接世界海洋的洋流系统称为"全球传送带"——这是一条巨大的水流，它在地球上循环，从温暖的海平面流到冰冷的海洋深处，随后这些升温的水又会回到温暖的海平面再进行热量传导。

布罗克率先使用碳同位素和微量化合物来绘制环流图。他预测，如果流动中断，可能会催生类似于大约 12 000 年前的"小冰期"，好莱坞曾将欧洲"小冰期"这一概念拍成了电影《后天》（ *The Day After Tomorrow* ）。

布罗克将地球及其气候视为一个包括海洋、大气和冰的综合系统。与此同时，他还是第一批在 1975 年对气候变化敲响警钟的科学家之一，从而普及了"全球变暖"这一说法。

右页图：北卡罗来纳州外滩的防侵蚀围栏和海滨房屋被强风和猛烈的海浪摧毁。

随波逐流

如果海洋是地球的蓝色"心脏"，那么洋流就是"静脉"和"动脉"了。它们构成了一个全球循环系统，向各地传送热量、营养物质和能量，同时充当生活在浅层和深层的大大小小生物的"液态高速公路"。世界海洋中有多种类型的洋流，由不同的力量驱动。潮汐随着太阳、地球和月球的位置而涨落，海潮会涌上海岸并再次涌出海岸。风能、太阳能和地球的自转使海水在广阔的海洋中形成强大的洋流，比如墨西哥湾流。当沿海洋流沿着大陆边缘扫过的时候，会受到地形和当地风的影响，可能会把地表水推开，使更深、营养丰富的水上升，这种现象被称为上升流。寒冷的温度和高盐度会导致地表水下沉，并产生深水洋流。暴风会将水吹向岸边，导致水位异常上升，出现"风暴潮"，有时会导致洪水泛滥。

测绘和测量洋流对于那些在海上航行和深海探索的人，对于所有探寻海洋在形成气候和天气方面作用的人，甚至对于世界各地的所有人来说，都至关重要，因为这是了解我们称之为"家园"的地球性质的基本组成部分。

我们现在已经对洋流有了越来越深入的认识，早在 1769 年，本杰明·富兰克林和他的船长、表兄蒂莫西·福尔格共同发表了他们绘制的第一幅墨西哥湾流草图，当时，商船和捕鲸船从新英格兰去往英国港口时会借助洋流航行，而在返回时则会避开洋流。

一个世纪后，"挑战者号"勘测船在 110 844 千米的环球航行中首次记录了全球洋流、温度等数据。海员们也许最终熟悉了区域性的潮汐和洋流，但即使是经验丰富的航海者也无法了解地球洋流系统的三维特性，以及其对全球气候、天气乃至物理、化学和生物过程之间相互作用的影响。

卫星技术通过在高空测量和传输来自海洋的数据，并且接收来自浮标仪表、漂流器和其他海洋传感器的信息，通过这种方式，我们对于洋流的基本结构有了深刻的了解。自 2000 年以来，大约 30 个国家合作部署了一系列名为"阿尔戈"计划（全球海洋观测试验项目）的海上浮标，以此测量温度和盐度随海洋深度的变化。到 2020 年，

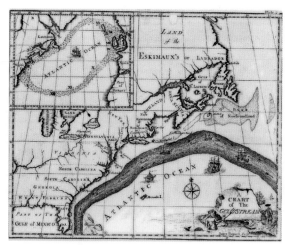

上图： 在这幅1769年的草图中，富兰克林和福尔格首先对美国大西洋沿岸的墨西哥湾流路径进行了确认。

重要事件

绘制海图

很早之前，地中海的船长们保存了详细的日志，上面给出了海岸线的详细草图，此外还有港口到港口的距离、洋流、风和事故多发的地方。但直到13世纪，人们才通过先进的数学计算将所有元素整合成了第一个真正的图表，并将这种复杂的地图雕刻在一截牛皮上，这便是称为波托兰海图（来自意大利语，意为"航行方向的集合"），它的出现使得海员可以看到他们走过的区域。

到16世纪初，比利时制图师墨卡托使用自己的墨卡托投影制作了地图，这种方式至今仍被广泛使用。为了将球形地球拟合到平面地图上，有一些区域被拉伸或压缩，但这种投影为领航员提供了从A点到B点的直线航线。波托兰海图和墨卡托地图彻底改变了人们感知空间的方式，就像谷歌地球在我们有生之年已经做到的那样。

有 3 943 个浮标在海洋中工作，它们从全球海洋上层 2 000 米的位置收集了超过 10 万个关于海洋温度、盐度和声音的数据包。

阿尔戈浮标和杰森卫星测高系统的数据结合起来，首次为我们提供了近乎实时的海洋上层的物理状态，任何人都可使用这些数据进行海洋数据建模。但是目前，人们对 2 000 米以下的深海洋流的研究仍是一个严重的知识空白，在新的全球测绘计划和 2021 年开始的联合国海洋科学促进可持续发展十年计划期间，这方面肯定会得到更多的关注。

左上图：巨藻在不列颠哥伦比亚省附近海域摇曳，在那里，河流径流与洋流和上升流汇合，为丰富的海洋生物提供了营养。

潮起潮落

　　为什么海洋的涨潮与落潮会以一种可预见的方式与太阳和月球有节奏地共舞？历代的智者都在试着解答这个问题。如果地球不自转，没有大气层，没有重力或磁力，并且温度和盐度永远保持不变，那么海洋可能会是一片稳定、宁静的水域。但地球是一个动态系统，具有复杂的相互作用，即使是最先进的技术和世界上最智慧的头脑也仍然会感到困惑。1595 年，当伽利略试图解释潮汐时，他并没有把月球考虑在内，但他正确地指出太阳对潮汐有着明显的影响。从 16 世纪初期的尼古拉·哥白尼到拥有卫星、传感器网络和数字运算计算机的各位现代科学家，他们都无法完全地预测潮汐现象。

　　地球的重力使水能够稳定在行星表面，但太阳和月球的引力无情地将海洋拉向自己。太阳的质量是月球的 2 700 万倍，而太阳对地球的引力比月球大 177 倍，在对海洋的引力中，太阳似乎理应占据压倒性的优势。然而，太阳距离地球的距离是月球距离地球的 390 倍，其引力因此减少了 5 900 万倍。所以，太阳对地球潮汐的影响大约是月球的一半。

　　当地球和月球在其轨道上与太阳连成一线时（一种被称为"朔望"的天文现象），月球和太阳对于地球的引力使潮差达到最大值。这种情况既发生在满月期间，地球位于月球和太阳之间；也发生在新月期间，月球位于地球和太阳之间。这种潮汐叫作"大潮（朔望潮）"，此时潮汐高潮和低潮的范围明显大于其他月相。当地球与月球、太阳的连线成直角（称为正交）时，月球呈上弦月或下弦月，这时，来自太阳和月球的引力趋于相互抵消，较弱的潮汐"小潮"便会产生。在任何阴历月份（从一个满月到下一个满月），都有两个独特的大潮和小潮。随着潮汐影响水位上升和下降，水流会形成涌向岸边时的"涨潮"和它退去时的"退潮"。在这两者之间，通常会有一段可能持续数秒或数分钟的松弛期，然后水的流动方向会发生变化。

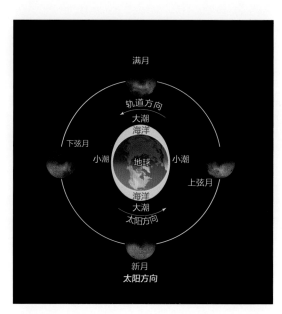

潮汐与月球

上图： 当月球绕地球运行时，它的引力使海潮往返于平均低潮线。

右页图： 当太阳和月球在新月和满月连成一线时，它们共同的作用力会带来最大的潮差，就像缅因州沿海的高潮一样。

风：空气的流动

虽然我们能感觉到风，但看不到风。就像海中的水流一样，大气风自身有重量，也有实体，两者都依靠地球的运动以及温度和压力的差异提供动力。风可以和海洋一样，将水流输送到远方，各种形式的生命，从花粉、蜘蛛、鸟类到蜜蜂，各种生物都能搭上它的便车。

气象学家在研究大气以便了解和预测天气和气候的过程中，会考虑到海洋对上方空气的影响。同样，海洋学家也会考虑水、气体和生命运动之间的联系，以及海平面之上和之下的陆地构造。这种联系最为明显的例子是，盛行风深入海洋表层400米处会影响水流方向，温暖或寒冷的洋流在地球上会直接影响气候和天气。

由于各地受到的阳光照射不同，以及地球自转及其产生的科里奥利力，全球同一个风场类型都保持着同一个方向移动。信风在赤道周围从东向西移动，一般分布在南北纬5°—25°。西风带从西向东移动，一般分布在南北纬35°—65°。极地东风带在北半球为东北风、在南半球为东南风，一般分布在南北纬65°—85°。这些风连同地球的自转为海洋中巨大的环流提供了动力，在北大西洋、南大西洋、北太平洋和南太平洋以及印度洋的整个洋盆中，这些洋流走过的路程达数千千米，北半球的大洋一般有两个较大的环流，靠近极地的为逆时针，南半球有一个逆时针的环流，靠近极地的被南极洲占据，印度洋的环流受季风影响较大。每一个环流都包括一个明确的西部边界流，因为地球向东旋转便将水堆积在陆地边缘，以及一个较弱、范围更广的东部边界流。西部边界洋流包括北大西洋的墨西哥湾流、北太平洋的日本海流、非洲东南部的阿古拉斯海流、南大西洋的巴西海流和南太平洋的东澳大利亚洋流，这是世界上最强大的主要洋流，它们每天以40—120千米的速度移动，输送的水量是世界上所有河流流量的100倍。

在南极洲周围的水域，寒冷的极地海水不间断地从西向东流动，不受任何陆地的阻碍，但它会与北方大洋系统的温暖水域接触，于是，这种水团的汇集形成了南极辐合带。这是一个平均40千米宽的移动水环，会在南纬48°—61°发生季节性迁移，具有丰富的生物活动、独特的气象活动和水温范围。即使在大风暴期间，这些空气和水的运动模式也保持不变，因为它们依赖于一致的物理力量。叠加在这

上图：海平面之上的风虽然无形，但力量强大，它为格林纳达附近的帆船提供了动力，并带动了这些船所在的洋流的流动。

个有序的海洋活动之上的是卷曲的流涡，这些流涡在大洋流附近循环，有时会持续数周或数月。受陆地和风的影响，沿岸流很容易便会发生变化，这反过来又影响了当地的天气。反复出现的降雨、风暴和干旱在很大程度上是受到了洋流对温度和湿度的影响。

　　风还会形成飓风、台风和气旋——无论名称如何，这些都是在赤道以北和以南30°纬度范围内温暖水域上形成的强大热带风暴。在北半球，它们都按照逆时针的方向旋转，在南半球则是按照顺时针方向旋转。随着温热海水上方的空气温度升高，空气便会向上运动，海平面处便形成了一个低压区。随后新的空气进入，它也会在这个循环过程中变暖上升。从海面蒸发的水会进入这个循环系统，并在气压较低的台风眼中形成带有云层的风暴。只要上升的暖空气继续

下图：2013年11月，超强台风"海燕"的近中心风速达到了75米/秒，摧毁了菲律宾中部及塔克洛班市。

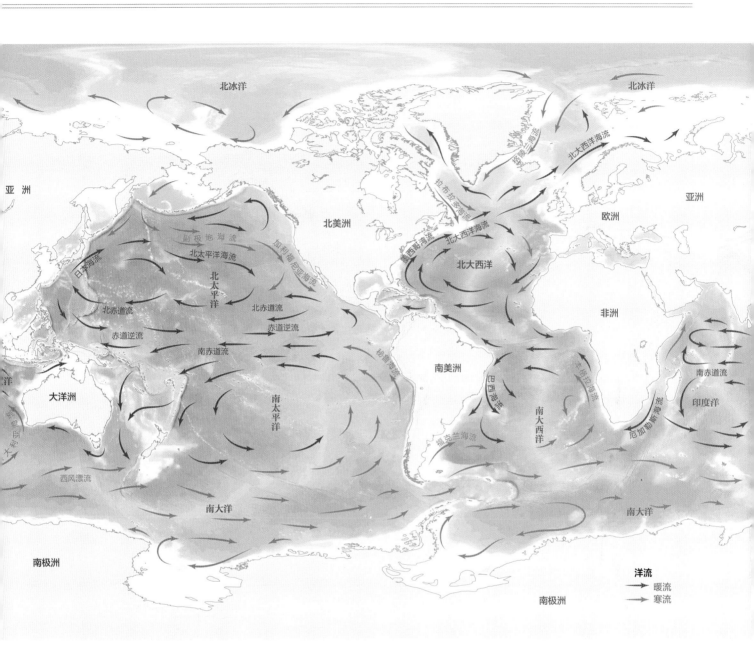

洋流

图例：
→ 暖流
→ 寒流

地名标注（图中）：北冰洋　亚洲　北美洲　欧洲　亚洲　日本暖流　副极地海流　北太平洋海流　加利福尼亚海流　拉布拉多海流　挪威暖流　北大西洋海流　墨西哥湾流　北大西洋海流　北大西洋　北赤道流　北太平洋　北赤道流　赤道逆流　赤道逆流　南赤道流　非洲　南赤道流　印度洋　南赤道流　大洋洲　秘鲁寒流　南美洲　巴西海流　南大西洋　本格拉海流　厄加勒斯海流　南太平洋　西风漂流　福克兰海流　南大洋　南大洋　南极洲　南极洲

洋流

受地球自转、陆地形状和风的影响，海洋水下400米以上的表层洋流占所有海水的10%。

在中心形成低气压区，整个循环系统速度和强度就会加快、加大。当近中心风速为 17.2—24.4 米/秒，这个气旋便是热带风暴。当近中心风速为 32.7—41.4 米/秒时，这个气旋就是台风。超强台风的近中心风速超过 51 米/秒。

风暴强度有两种测量指标：最大风速和中心气压。在海平面，当天气平静时，海平面上方的气压为 101 千帕。当低压气旋形成时，暖空气上升，大气压下降。压力越低，由此产生的风暴就越强大。

有证据表明，全球气温升高正在导致强度更大的风暴更频繁地发生。在大西洋，2020 年是有纪录以来台风最活跃的年份，有 30 个台风和 13 个飓风已被命名。

涌动的海水

如果问一只海鸟："地球上哪里最适合捕鱼？"它可能会说："去找上升流！"沿海风将地表水推离，使深处冰冷而营养丰富的海水上升到受到阳光照射的海平面，这便是上升流。营养物质为光合浮游植物提供能量，这些浮游植物又会成为大量浮游动物和小鱼的食物。然后浮游动物和小鱼成了海鸟、大型鱼类和许多其他海洋动物的食物。上升流区域在海洋表面积中占不到 5%，但它们在沿海化学动力学中发挥着惊人的作用。

在太平洋中，永久性上升流区与寒冷的东部边界流（南美洲的洪堡海流和北美洲的加利福尼亚海流）有关。相对的，大西洋的上升流在西非海岸的本格拉海流和加那利海流的交汇处。在印度洋西北部，在亚洲季风的推动下，上升流是索马里-阿拉伯海的季节性现象。

来自南极洲周围的冷水沿着南美洲海岸向北流动，并在秘鲁海岸上升到海面。这个上升流帮助浮游生物大量繁殖，支持数量惊人的小鱼和大量的鸬鹚、鲣鸟和鹈鹕在此繁殖和栖息。到 20 世纪后期，这里的鸟类数量非常多，以至于它们积累的鸟粪被收集起来作为肥料出售，这种肥料富含硝酸盐和磷酸盐，所以格外能够促进作物生长。在厄尔尼诺年，温暖的水会周期性地靠近秘鲁的海岸，在阻止了冷水上涌的同时导致了阴暗的天气和大量的降雨，周围的鱼类也因此减少。这本是正常的海洋循环，但由于 20 世纪初期和中期人类的过度捕捞，这个已经发展了数千年的强大生态系统在 20 世纪 70 年代崩溃了。尽管上升流仍然会出现，但海鸟的数量依然很少，出现在这个系统中的海洋生物数量只有以前的一小部分。

横跨厄瓜多尔大陆以西约 965 千米处的赤道附近，在科隆群岛周围，风和洋流的复杂作用导致了上升流的产生，特别是在西部的岛屿周围，比如伊莎贝拉岛和费尔南迪纳岛。通常，成群的小鱼会成为鲣鸟等海鸟的食物，但与秘鲁沿海地区一样，在厄尔尼诺年期间，较温暖的海水产生的浮游植物较少，所以鱼类也较少，因而以鱼类为食的大型动物也较少出现。

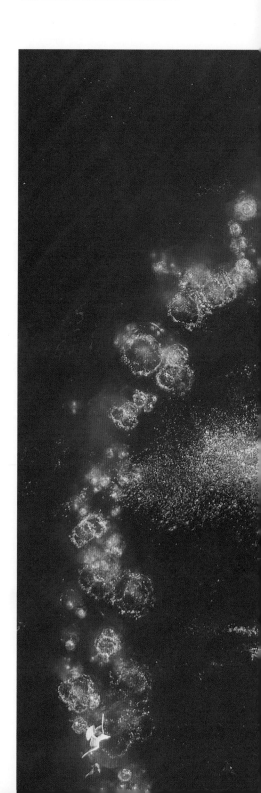

下图：阿拉斯加弗雷德里克湾，在清凉、营养丰富的上升流中，一群座头鲸正忙着用吐泡泡的方式制成网来诱捕磷虾。

上升流

风(右一图)将地表水推离岸边，带有丰富营养物质的冷水从深海上升，为海洋生物提供了能量。在厄尔尼诺年(右二图)，暖水层更厚，上升流来自营养物质较少的海域。

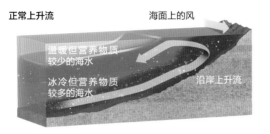

正常上升流　海面上的风
温暖但营养物质较少的海水
冰冷但营养物质较多的海水
沿岸上升流

暖流中的上升流
由温暖但营养物质较少的海水构成
营养物质较少的沿岸上升流

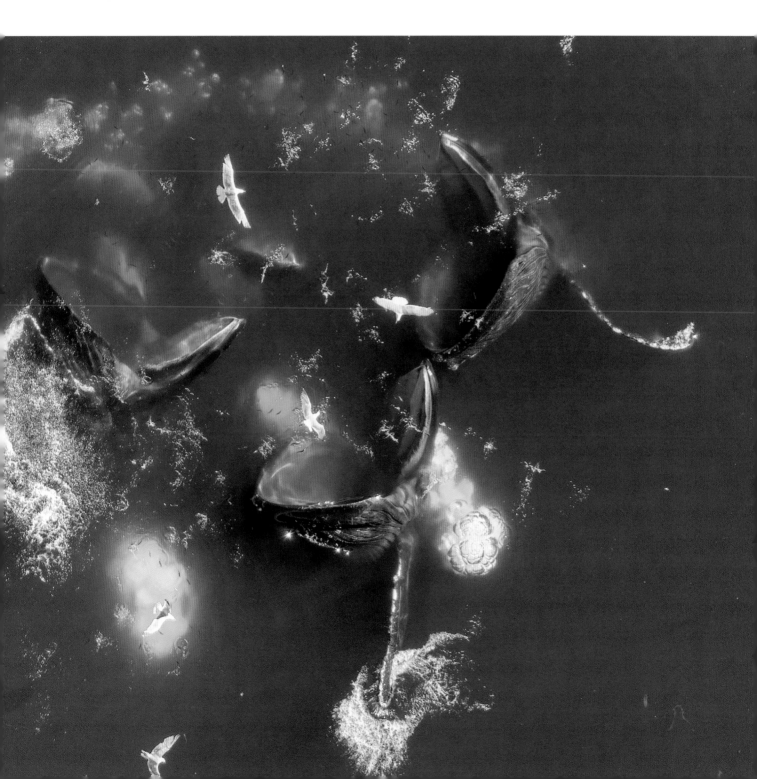

全球输送带

在世界各地输送水和热量的洋流是一个连续的循环系统，可以将其视为一条移动的输送带。沉入北极海底的海水可能会在大约1000年后出现在地球的另一端，并在那里继续循环，最终成为温暖的墨西哥湾流中的一部分，随后再次返回北极。尽管这种普遍的海水运动模式已经得到了证实，但关于海洋广阔、深邃、立体的空间中的水流性质，仍有许多未解之谜。

在海平面及以下数米处，风和浪的作用非常明显，由于降雨、浮游生物的大量繁殖以及阳光或云层对水温的影响，水中便会出现分层。但在大多数湖泊、沿海水域和远海的海平面以下，温暖的地表水和下方的冷水之间形成了剧烈的温差，这便是温跃层。温跃层的形成主要是由于水温在很短的深度间隔内发生了显著变化，它充当了分隔不同海洋生物物种的物理屏障，能够阻止声呐波的穿透，并在局部阻止洋流的垂直运动。温跃层的深度通常为200—1000米，但在某些地区会随季节变迁而发生变化。温跃层在热带地区通常比较稳定，但在温带地区则比较多变。温跃层在极地地区很少见，因为那里的水温一直都很低。

从2000年开始，阿尔戈浮标开始记录大片海洋垂直断面的温度、盐度和深度的数据，从而完善了人们对海洋环流的了解。计算漂浮物在深水中随水流移动，然后上升到水面的时间和距离，并通过卫星将信息实时传输到地面数据中心，科学家们可以推测深水流速的方法。这种方法给人们研究深海和海洋中部的洋流的位置和运动提供了新的思路。

了解水团在海洋不同深度的运动对于理解和预测天气与气候越发重要。无论是水面的船舶、水下施工，还是海底电缆和管道的铺设，抑或潜艇和其他设备的部署，都受益于对海底洋流以及海浪的深入了解。最重要的是，随着海洋的动态性质越来越为人所知，在保护这个适合人类生存的星球方面，人们对海洋输送带运动的理解和解释也越来越丰富。有证据表明，目前极地冰层的快速融化可能会减缓或阻止高盐度水的产生和下沉，而正是这种高盐度水引发了全球范围内水的运动。

上图：阿尔戈浮标被投入海中收集数据。

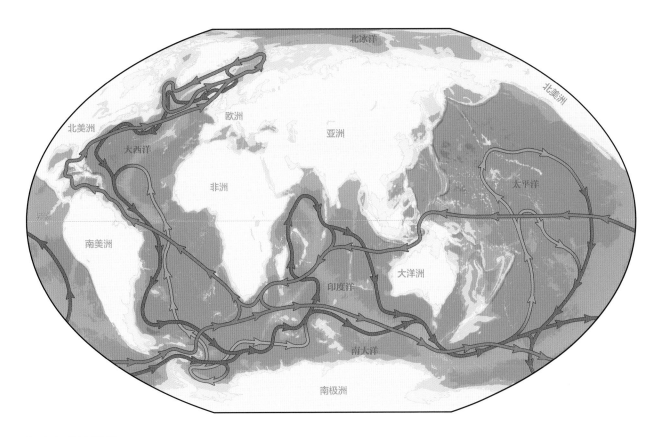

全球海洋输送带

　　全球海洋输送带以恒定的三维运动环绕地球，在整个地球传播热量和寒冷，以此控制地球的温度。

表层温水
中层冷水
深层冷水

潜入深海

水下隐蔽

　　在电影中，无论是关于第一次世界大战、冷战还是今天，潜艇战都是经典的题材，其中最引人关注的莫过于如何探寻敌方的位置。自第一次世界大战以来，潜艇一直使用声呐装置来定位水中的敌人。其中的原理与蝙蝠的回声定位非常相似，水面舰艇上的设备将声波引导至深处，声波撞击敌方潜艇反射回来，便可得知敌方潜艇位置、大小和规模等信息。在早期的潜艇中，反射钢涂层能有效地将声音传回水面。后来，吸音瓷砖涂层抑制了声音的传入和传出。一些精明的船长也学会了利用自然资源，比如他们会将潜艇隐藏在海底反射声音的岩石

上图："内布拉斯加号"（U.S.S. Nebraska）核潜艇。

暗礁中。另一些则借助了海洋的力量。风、潮汐和洋流将热量带到了海洋上部温度不均的表层，在这层之下（以及下方较冷的海洋之上），从温度不均到普遍较冷的水温促使水的密度发生了变化。这反过来又在海洋上部和下部形成了一道声音的屏障，也就是温跃层。温跃层的上方会偏转声波，因此潜艇可以躲在其下方，躲避声波的探测。由于温跃层会因为风、潮汐和洋流混合地表水的方式在不同的深度形成，因此船员需要了解不同区域在不同季节的变化。

· 希望点 ·

南非福尔斯湾

　　茂密的海藻林、丰富的鲍鱼、彩虹色的珊瑚鱼和鲨鱼遍布南非的福尔斯湾。福尔斯湾位于大西洋和印度洋的交汇处，从开普角一直延伸到开普敦附近的杭克利普角。这里曾经是观赏大白鲨的胜地，但由于海湾未受保护，该地区遭受了过度捕捞和污染，如今的水域中几乎已经看不到鲨鱼了。

本页图： 在南非福尔斯湾，纪录片《我的章鱼老师》（*My Octopus Teacher*）中的主角随着海藻一同飘摇。

极地大洋环流

在地球冰冷的两极，大洋环流的动力规律在很多方面都与其他地方有着天壤之别。北极水域大部分被陆地环绕，南极洲则是一片被水包围的大片陆地。但与地球的其他地方相比，两极海洋对全球洋流、生物、温度和化学（以及因此受到影响的地球的气候、天气和宜居性）有着惊人的影响。

在大西洋，随着墨西哥湾流从热带到达其旅程的北端并逐渐降温，海水会下沉并向南弯折，随后，这种在深海的高盐分冷水会继续向南流动数千千米，这是全球海洋输送带中的一个关键部分。当它最终到达南极绕极流时，水流在此汇合。接着，这种富含大量浮游植物、磷虾和其他生物的营养物质的水会向北流入太平洋和印度洋的洋盆。

自从在 500 万—1300 万年前形成，北冰洋的海冰就非常薄。虽然有些地方存在厚达 30 米的压缩冰脊，但整个北冰洋冰盖的平均厚度只有 2 米左右。而现在，冰正在以很快的速度融化。全球变暖加剧了这种情况，预计会影响大洋环流，并将对地球的气候和天气产生深远的影响。随着格陵兰岛的冰融化并流入大海，海水的盐度因此降低。有一部分水通常会在冬季结冰，盐分析出之后会导致下面的水盐分增加，密度增大，也因此下沉，但现在这部分水留在海平面并且不结冰，这可能会切断全球温盐环流中的一个关键部分。同样的事情也发生在南极洲，冰川融化正在改变驱动洋流的温度和盐度模式。

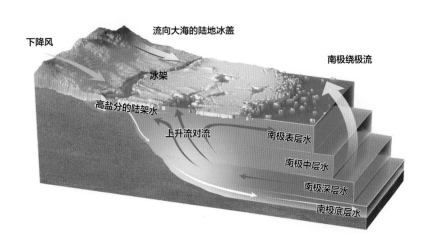

极地循环

当水在南极洲大陆架上结冰时，它析出的盐分使寒冷的海水变得稠密并因此下沉，成为南极底层水，然后向北移动。在它的上方，密度较小的南极绕极流继续围绕大陆流动。

上图： 在北极的斯瓦尔巴群岛附近，冰川是因海洋运动形成的，包括温暖的西斯匹次卑尔根表层流和冰冷的东格陵兰表层流。

北极贯穿流自东向西流动，在这个长长的弧形海流中，位于北冰洋俄罗斯一侧的环流从楚科奇海流向格陵兰海。在广阔的北极盆地的加拿大一侧，水以比墨西哥湾流更大的弧度沿顺时针方向环绕，这便是波弗特流涡。来自冰层融化和北部河流的淡水在环流中积聚，有时多，有时少。水流的多少主要取决于上方的气温和下方的水温。

对于波弗特流涡的特性，我们尚不了解。科学家们使用配有系泊装置的仪器，将其锚定在 3 800 米深处的海底，并延伸至海洋冰盖下的 50 米以内，以这种方式来测量海水温度、化学成分并监测海流。来自这些仪器的数据和来自其他水样的信息表明，波弗特流涡中的海水在围绕盆地顺时针旋转，大约每四年完成一次。

来自北极的波弗特流涡的淡水流量增加，当它穿过北大西洋盐度更高、温度更高的水域时，可以阻止热量从较温暖的水域被释放到大气中，从而抑制海洋对欧洲和北美洲的冬季低温的缓和作用。根据分析，如果全球海洋输送带完全关闭，目前受墨西哥湾暖流影响的北欧的平均气温将下降 5—10℃。

有证据表明，由于北大西洋海水盐度降低而引起的海洋环流变化以前也发生过，这些变化已反映在气候变化中。然而，与目前的趋势不同，以前的变化与人类活动无关。两个世纪以来，我们的技术成就对支撑我们生存的自然系统产生了前所未有的影响，但与此同时，我们也获得了前所未有的知识，知道怎样才能保持自然系统的完好无损。

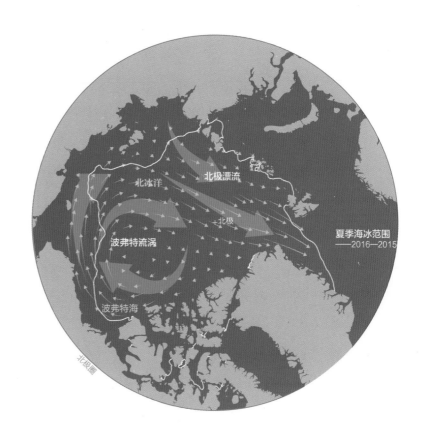

大洋环流

在北极，波弗特流涡（风力驱动的巨大环流）带动北冰洋周围的淡水和冰。

右页图：世界上最长的山谷冰川——哈伯德冰川在美国阿拉斯加州亚库塔特附近发生崩解。

动态二重奏：水与生物

在海洋中，也会有许多生物和陆地生物一样，一生中的大部分时间都固定在原地，一说到这，我们便会想起海藻森林、珊瑚礁、牡蛎和藤壶，以及树木、苔藓和地衣。但在海洋中，洋流也会充当陆地中风的角色，为海洋中的植物和动物的移动提供一条高速公路，便于它们迁徙，并输送热量、水、氧气和营养物质。温度、阳光、食物的丰富程度以及适合繁衍后代的地点都是影响生物迁徙的必要条件。

水母和其他浮游生物往往"随波逐流"，漂到任何洋流和潮汐带它们到的地方。但是它们，还有很多小鱼甚至微小的桡足类的身体内部都有"推进装置"，使它们在占据的空间内移动。这看似很小的动作，却在局部产生了较大的影响：这种微型的迁移能够散布养分并影响它们所在水域的性质。充满浮游生物的水在化学和物理特性上与无生物的咸水不同，而当船只在通过有凝胶状水母的水域时能够明显感觉到阻力。

尽管一些海鸟的长途飞行总是让人惊叹不已，但地球上规模最大、距离最长的迁徙实际上发生在海洋中。像海龟耗时多年的迁徙，某些鲸、鲨鱼和海豹每年都要完成的长途旅程，有些生物每年移动的距离达数千千米。

大西洋的绿海龟从幼龟离开筑巢海滩开始，沿着受洋流、温度和食物来源决定的古老海洋路线开始移动，直到多年后，它们会返

左图：在塞舌尔的伯德岛上，成年的黑燕鸥经过长达五年的连续飞行后开始繁殖。

上图：成群的磷虾在水体中垂直迁移，而太平洋沙丁鱼（图中下部）从美国加利福尼亚州南部迁移到加拿大，然后返回。

监测迁移

大约200年前，渔民在收网时发现某些种类的海洋生物在一天中的不同时间经常出现在不同的深度。后来，科学家们对这一全球现象有了更多的了解：在向上迁移数百米后，一些生物到达海平面以吃浮游生物为食；然后，这些生物随着太阳升起退回到海平面以下200—1 000米的地方。这种上升和下降的模式被称为"昼夜垂直移动"（diel vertical migration，DVM）。这一过程发生在一天24小时内，包括白天和一天前后的夜晚。这样做的目的可能是在白天避开海平面的捕食者，但其中原因可能远不止如此。20世纪，船载声学系统更准确地记录了生物

傍晚到达和早晨返回的情况：水面的水越清澈，动物下潜的深度就越深（希望深处的黑暗能够给自己提供掩护），它们的移动速度也就越快。如今，声学多普勒海流剖面仪和安装在卫星上的激光雷达（LIDAR）等设备不仅能够测量生物移动的时间、它们在某些地区的迁移范围及迁移在全球的发生率，而且还能够评估它们对海洋生物地球化学的巨大影响。通过夜间在海面觅食，然后在更深的水域代谢食物，这些海洋生物能够有效地扩散营养物质——它们从海平面带回了碳并将其隔绝在水下深处。

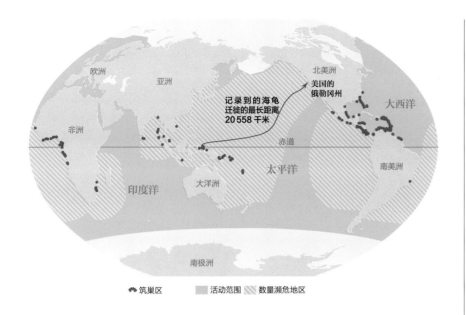

欧洲　亚洲　北美洲
美国的
俄勒冈州
记录到的海龟
迁徙的最长距离
20 558 千米
非洲　　　　赤道　　大西洋
印度洋　大洋洲　太平洋　　南美洲
南极洲

🐢筑巢区　▨活动范围　▨数量濒危地区

海龟迁徙

2008年，从印度尼西亚到美国俄勒冈州，一只棱皮龟跨越了太平洋，共移动了20 558千米，创下了脊椎动物迁徙距离的最高纪录。

回最初的海滩，此时已经成年的海龟也开始准备繁育下一代。现在大部分已经消失的"鳕鱼高速公路"曾是北大西洋水域肉眼可见的水柱，在体型较大的老鱼的带领下，鳕鱼迁徙到食物充足、适合产卵的地方。蓝鳍金枪鱼的迁徙同样富有活力，人们可以在轮船和飞机上看到整个鱼群的游动。它们会利用洋流移动，在这个过程中改变水质，同时吃掉较小的鱼类，并沿途留下了营养物质，这反过来又促进了浮游生物的大量繁殖。

但是，最伟大的迁徙发生在以米而不是千米为单位的距离上。圆罩鱼是地球上数量丰富的脊椎动物之一，只有手指那么长，圆罩鱼每天与其他成群结队的小鱼、甲壳动物、水母、鱿鱼等动物一起在100—1000米的深度之间进行垂直迁移。在19世纪70年代"挑战者号"对全球海洋进行评估时，船上的科学家们首先注意到了这些人类难以见到的小动物，但当时并没有对这种现象进行明确的界定。直到20世纪50年代，美国海军用声呐回声测深仪在100—1000米的地方发现了它们的垂直迁徙行为。

海洋的化学和物理性质为生物的生存和活动提供了场所，但反过来，在海洋中活动的生物又影响了海洋的化学和物理性质。

海鸟的迁移

在动物中，海鸟保持着一年中飞行最远距离的记录，特别是其中的佼佼者——北极燕鸥。它们的体重仅有100克，在北极高地筑巢后，这些"马拉松运动员"会跟随太阳向南，顺风飞行，途中在觅食地停留，最终到达地球的另一端，在那里，它们捕食磷虾，从而让自己恢复体力，为长途返回北极做好准备。

红腹滨鹬在火地岛过冬之后，会向北飞行，为在夏季繁殖做准备。当成千上万只红腹滨鹬沿着北美东部海岸线前进时，它们会在海湾处停留补充能量，在那里，鲎会从深水迁移到潮湿的沙滩上交配和产卵。而鸟类则会在这个刚刚好的时机以鲎产下的卵为食——这是一种延续至今的古老模式。

上图：迁徙之王当数北极燕鸥，它们每年要从北极繁殖地前往南极洲度过夏季，期间共需飞行40 233.6千米。

左页图：在马来西亚诗巴丹岛的筑巢地附近，一只绿海龟在一群大眼鲹中游泳。

伟大的探索

前往
极地

下图：南极探险家欧内斯特·沙克尔顿的"耐力号"（Endurance）被浮冰压碎。船员们幸免于难。

从北极冰冷的海洋到南极洲的冰川大陆，极地是无数探险家追寻的终极宝藏。在这些希望和危险并存的地方，寒冷的水域（北冰洋和南大洋）以及地表风产生的主要洋流为海洋运动、能源、气候以及生物提供了动力。但同样也会促使冰川、冰山和浮冰形成和移动，这些冰川、冰山和浮冰可能会压碎船只并使船员困在地球最恶劣的环境中。

在北极生活了数千年的因纽特人对此非常清楚，但早期的户外探险家——包括公元前 330 年的希腊马萨利亚的商人皮忒亚斯和1000 年后的维京人——都只能惊叹于这片土地的壮观，然后被冰雪无情驱逐。

到 16 世纪，航海者们不再想着在北极地区定居，而是希望在西北部寻找一条从欧洲到亚洲的通道，这样便可以通过北极冰冷的海域进行贸易。荷兰探险家威廉·巴伦支和后来的英国航海家亨利·哈德森在尝试中丧生，他们的船只被移动的冰块压碎。1893 年，挪威

右图：罗伯特·皮尔里和马修·亨森
的因纽特向导。

科学家兼探险家弗里乔夫·南森受到了之前失败经验的启发，建造了"弗拉姆号"。它的整个船体呈蛋形，遇到浮冰时会被推到冰上而不是被直接压碎。这个想法非常成功，浮冰载着这艘船整整三年，为未来在浮冰上建立北极研究站打下了基础。

最后，挪威人罗阿尔德·阿蒙森在1903—1905年绘制了西北航道的地图。之后，在1909年，美国人罗伯特·皮尔里和马修·亨森宣布，他们在当地因纽特向导的带领下成功通过陆路到达了北极点。然而人们依旧未能开辟一条海上的航线。直到1958年，美国的"鳐鱼"级核潜艇在浮冰下航行，并在北极圈内浮出了水面。

与此同时，在南半球，英国科学家埃德蒙·哈雷在1700年发现了重要的南极绕极流，英国航海家詹姆斯·库克船长在1772—1775年的全球探险中也对此加以确认。直到1911年，罗阿尔德·阿蒙森才将他的"弗拉姆号"驶入南大洋的鲸湾，然后通过陆路跋涉了1287千米到达了南极。

除了冒险，这些探险还让科学家们了解了为什么两极对地球来说很重要。自1937年以来，科学家们一直在研究极地的环流、波浪的传播、冰的形成和水下声学。"弗拉姆号"开了先河之后，人们在南极建立了漂流研究站，如英国在冰川上建造的南极哈雷研究站。如今，美国国家航空航天局配备了激光高度计的"冰川2号"（ICESat-2）卫星，连同其他自主浮标、无人机和卫星等，都在监测两极地区。我们现在已经知道，北极复杂的环流会影响全球的食物网和气候；南大洋的南极绕极流是地球上最大的风力驱动洋流，连接了每个海洋盆地。它们共同维持了地球的平衡。如今，两极的危机已经发生了变化：从探索它们变为保护它们。

第二部分

生命之海

第四章

漫游海洋生物

swimming in the sea of life

在漫长的人类历史中，人们在大部分时候都认为海洋又黑、又冷、又深，生命根本无法生存其中。然而出人意料的是，从海面到海底，生命的身影无处不在。海洋生物随着水流进入裂缝，那里面一片黑暗，温度高到足以杀死任何生物，只有微生物和微小的蠕虫状动物能够存活。几乎所有的主要生物分支都存活于海洋之中，只有大约一半的生物生活在陆地之上。当我们畅游在海洋中时，我们同时也畅游在地球生命的历史长河中。

每个生物都有一个"舒适区"，它们能够在此繁衍壮大，或者这里是它宜居的环境，或者至少是可以勉强生存的地方。有的生物喜热，有的生物喜冷；有的生物需要一个固定的地方，有的生物则永远不会停止移动的步伐。"巢域"这个词是指动物正常活动所达到的范围。对有些生物来说，这个范围可能只是几平方千米；对于另一些生物来说，这个范围则是从一个极点到另一个极点，跨越各个大洋。动物需要食物、水和氧气；植物需要水、氧气、二氧化碳、阳光和微量元素。所有形式的生命都依赖于彼此之间的联系。

在全球范围内，人们已经确定并命名了大约1000万个物种。但据估计，在陆地和淡水地区尚未发现的生物种类可能是这个数字的2倍多，在海洋中这个数字可能还要更大。人们总是认为在海洋中存在的物种数量是少于陆地的，这种观点并不正确，其实，海洋中的生物种类占了生物圈的97%，而陆地种类只有3%。很少有人认为细菌、病毒和真菌能在海洋中生存，直到人们通过各种方法从海洋表面到海床深处发现了广泛分布的各类微生物。通过分析生物DNA以及评估水样中的DNA来辨别物种的新方法使得我们发现了大量尚未命名的生物。近几年，人们在深海中发现了从未见过的鱼、珊瑚甚至大型鱿鱼。

右图：一只章鱼用它的触手尖端站立着，安然地栖息在众多马蛤和数百只毛茸茸的海蛇尾中。

第100—101页图：虎海葵在菲律宾的保和海游弋。

第102—103页图：抹香鲸在垂直盘旋。抹香鲸一生中只有7%的时间在睡觉，每次只小睡10—15分钟。

生命起源

　　虽然生命的起源尚是一个巨大的谜团，充满了未知，但似乎一切的一切都始于海洋深处。在海洋深处，微生物成功获取食物，并广泛利用了周围海水中大约 54 种构成化学物质的元素。它们从硫化氢或甲烷中获取能量，这些小生物的生存方式被称为化能合成，这种方式很可能在陆地上出现生物之前就已经盛行了数亿年。

　　关于海洋中的生物，最美妙的发现莫过于地球上的所有生命都因海洋而存在，并仍旧依赖于它。水是必不可少的，海洋中生物已经存在 40 亿年左右的时间，单细胞生物将水和碳、氮、硫和磷转化为 30 种左右的基本分子，而这些都是构成生物的基础。

　　大约在 34 亿年前，当光合细菌首次出现时，可以说化能合成微生物占据整个地球。这些生物从岩石或周围海水中的化学物质中获取营养，并且在无氧环境中进行呼吸（厌氧呼吸）。大约在 30 亿年前，蓝细菌出现了。原核生物没有核膜包被的细胞核，但与岩石相比，它们确实具有生物的特征：它们可以移动、消耗能量、生长、改变、维持功能、对环境做出反应、繁殖并将以上特征传递给后代。

　　在超过 20 亿年的时间里，地球温暖的浅海以凹凸不平的岩层为主，叠层石由丝状单细胞蓝细菌组成，它们具有黏性并且聚成一团，与一些沙子和沉积物粘在一起，形成坚固的土丘。这些分层的天然岩石最终被凝块石地层所替代。单细胞原生生物有孔虫的出现和增殖取代了丝状蓝细菌，成了这些岩石地层中的天然黏合剂。

　　远海中叠层石和浮游生物的光合作用以稳定的方式逐步将氧气释放到大气和海洋中，最终达到了能够出现更大生命形式的氧气水平。多细胞生物诞生的第一个证据出现在不到 10 亿年前，很可能恰逢大气中的部分二氧化碳被足够的氧气取代，使得更大的生命体得以出现。使生物长得更大的能量来自对葡萄糖与氧气的消耗。许多生物通过呼吸来释放能量：有些生物是有氧呼吸；而另一些生物，例如硫细菌和古菌，则是厌氧呼吸。

　　有氧呼吸（消耗氧气和葡萄糖并释放二氧化碳和水）的本质是光合作用的逆过程。

　　曾经地球上的生命没有能比这一页的标点符号大的。然而，光合作用和有氧呼吸使我们的星球发生了天翻地覆的变化。现在，地球上有巨大的红杉树、30 米长的鲸和超过 70 亿的人类。我们可以

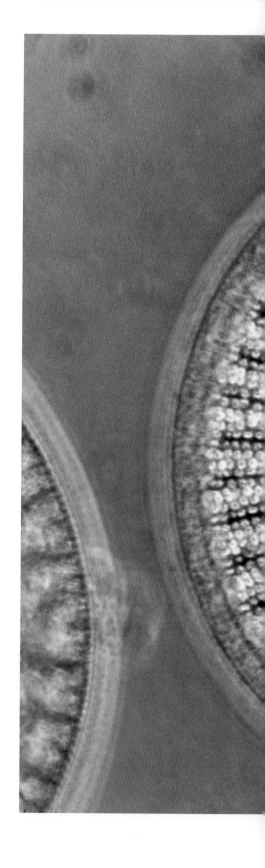

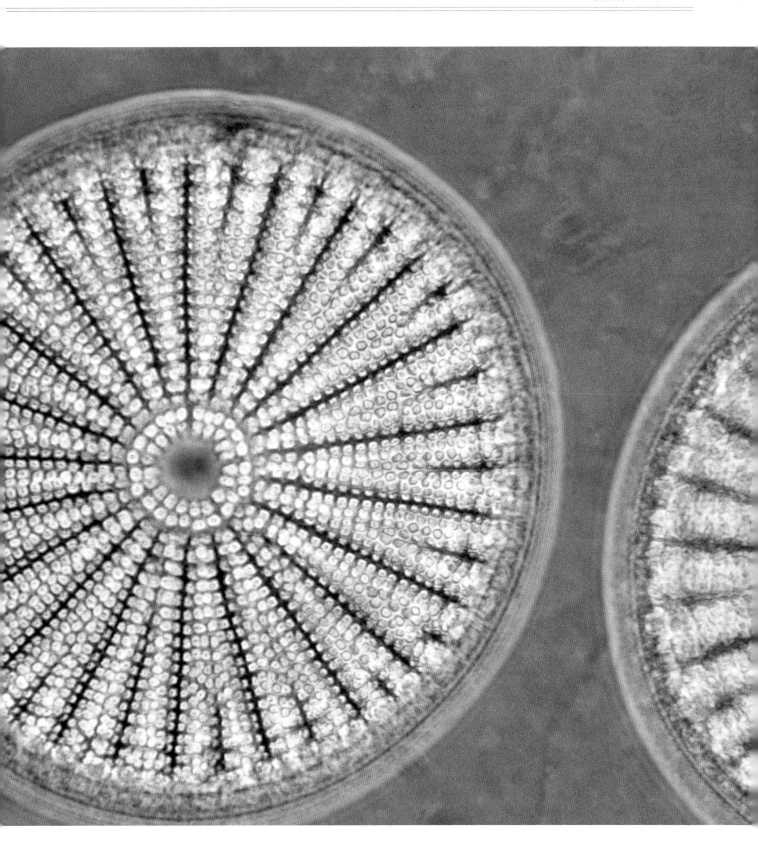

上图：图中是花边状的硅藻在显微镜下的样子，它是阳光普照的海洋中大量存在的数千种生物之一，虽然很微小，但它们影响着地球的生物演化过程。

认为，"地球上所有生物"的祖先都是微生物，而它们又深深扎根于星尘之中。

生命的基本构成存在于DNA（脱氧核糖核酸）中，无论是古菌还是大象，DNA都是为生物体提供指令的遗传物质，也是生物发育、生存和繁殖所必需的物质。DNA的成分由核苷酸组成——胞嘧啶、鸟嘌呤、腺嘌呤和胸腺嘧啶，每个分子都含有氮、磷和由碳、氢及氧组成的糖。DNA的螺旋链包含在基因中，而基因又排列在染色体内。细菌和古菌通常只有1条染色体，而海獭有38条，狗有78条，人类有46条，我们的近亲黑猩猩有48条。一种夏威夷端足目甲壳动物外形类似虾，其染色体数量与人类相同，但基因组却天差地别。基因组决定了每个人、每只猫、每棵树、每条金枪鱼或每只虾与众不同的特征，生物化学中所固有的高度一致性就这样被无限的多样性打破了。

随着时间的推移，海洋微生物和海洋中丰富多样的多细胞生物已经发展出独特的方式来利用周围富含矿物质的海水。脊椎动物，包括人类，使用血液中的铁基化合物来运输氧气；但在这一点上，棘皮动物利用的是钒化合物。鲎依靠一种铜化合物来输送氧气，从而使血液呈现出微妙的蓝色。硅藻使用从周围海洋中提取的二氧化硅来建造它们的透明外壳。从单细胞的球石藻、有孔虫、造礁珊瑚到巨蛤，许多生物都依靠碳酸根离子来建造它们特有的外壳。为此，大多数带壳软体动物都需要碳酸钙。

然而，最近在印度洋的海底热泉喷口周围发现了一种居住在深海的"蜗牛"，除了碳酸钙外，它还用铁制成的重叠鳞片保护自己。这种生物被称为鳞角腹足蜗牛或海穿山甲，它拥有超大的心脏，能够储存足够的氧气供生活在它们体内的共生细菌使用，而共生细菌也提供了鳞角腹足蜗牛的食物来源并获得了一个安全的生活场所。

现在已知物种之间的这种相互联系是地球上非常普遍的生活方式，每种生物都留下了自己的印记，每个生物都受到其他生物存在的影响。

上图：被包裹在透明球体中的鲎幼体，这一物种在地球上延续了4亿年，如今它是四种即将灭绝的物种之一。

不同的海层

从海面上看，世界各地的海洋看起来都大同小异，但在水下，生物既不是随机分布的，也不是均匀分布的。海洋中的生命是基于个体、物种和生态系统的需求和耐受度而分布的。海洋中也有生命地带的划分，但边缘十分模糊，并且其分层会在海洋的洋流中动态变化。海洋中存在流动的岛屿，它们的形成受光、温度、盐度、压力、氧气、pH值、基底、声音、营养素、污染物等条件的限制，这些条件对生命的限制就如同房子的墙壁一样。人类可以借助各种技术从一个极地到达另一个极地，从海平面潜入海底深处，因此也可以无视这种限制，跨越其他物种难以跨越的边界。然而，如果没有特殊的技术，我们在海底就像离开水的鱼一样脆弱。

有些动物因其跨越距离、深度、光线、压力和温度等界限的能力而声名远扬。比如一些鲸、海龟、鲨鱼和金枪鱼的分布范围就很广，它们可以在几个月内跨越大范围的经度和纬度，每天潜入数千米深的地方捕食鱿鱼、水母、小鱼和甲壳动物。一些"偷渡者"会紧紧

右页上图：印度洋–太平洋地区的洞穴和悬崖峭壁是金色清道夫拟单鳍鱼的家园。

右页下图：在夜间，短头深海狗母鱼的幼鱼可能会出现在海平面水域附近，但成年后，它们将生活在4 000米多黑暗的深海中。

海洋中的分区

在海平面之下，海洋主要分为五个区域：真光带或上层带、中层带、深层带、深渊带和超深渊带。

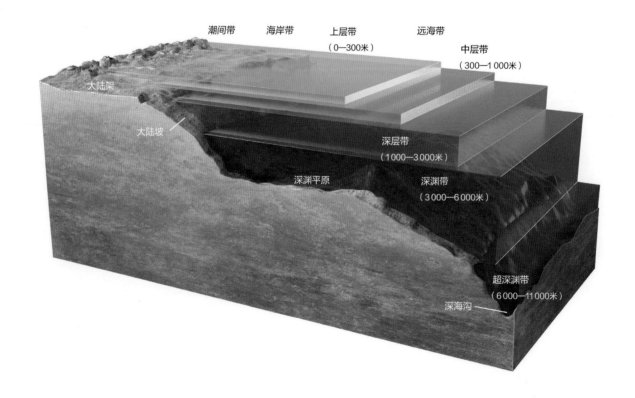

潮间带　　海岸带　　上层带　　　　远海带
　　　　　　　　　　（0—300米）

中层带
（300—1 000米）

大陆架

大陆坡

深层带
（1 000—3 000米）

深渊平原

深渊带
（3 000—6 000米）

超深渊带
（6 000—11 000米）

深海沟

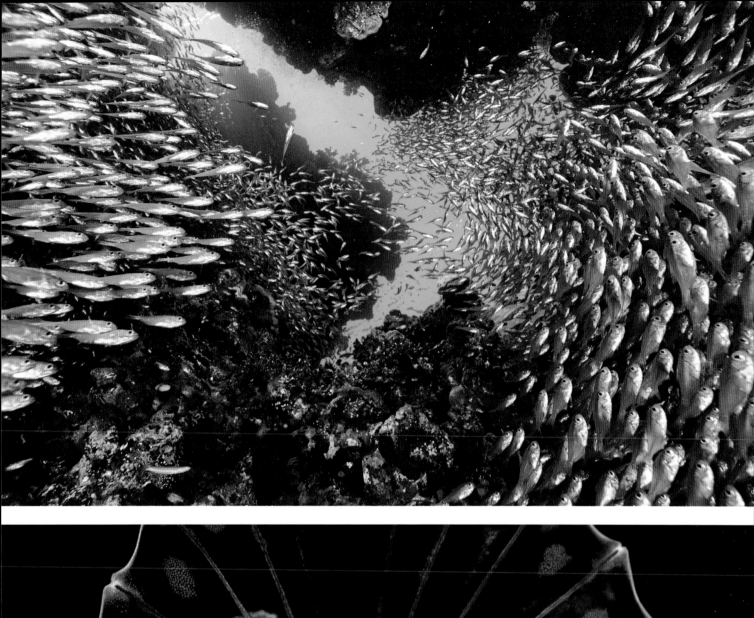

抓住海龟的壳、鸟类的脚和羽毛、鱼和鲸的皮肤不放。还有一些动物则随着成排的植被、火山浮石垫、船舶压舱物以及近几十年来由洋流携带的塑料和其他人类产生的垃圾碎片一起移动。

因为海洋生物的一些生存特性，在它们生活的区域中还有更细致的分区，但对人类观察者来说并不明显。海绵、珊瑚、藤壶、有根植物和固定不动的海藻通常在最开始都是海洋中的"漂泊者"，最终定居在它们喜欢的地方，并在那里生活一辈子。坚硬的表面对牡蛎来说至关重要，较深的沙地适合康吉鳗，许多小型生物需要岩石裂缝作为掩护，而软泥可能是各种各样生物的家园。

从赤道向两极延伸以及在海中垂直延伸的温度和光照对海洋中的生物分布具有重要的意义，而这些主要取决于倾斜的地球在公转和自转时相对于太阳的位置。尤其是温度，基本决定了生物体是在热带、暖温带、冷温带还是极地地区栖息的基本性质。在垂直方向上，海洋的温度通常会随着深度的增加而变低。温跃层出现在大约海平面以下 200 米的地方，其下方海水温度会有明显的下降。从那里开始到水下 1000 米，温度的变化都相当稳定，并在深海中接近冰点。一些分布广泛的物种会因季节变化进行迁移或改变自身所处的深度，这样便能保证自己处于有利的温度条件下，或者能到达繁殖或觅食的区域。

在海平面上，海洋有一层"皮肤"，叫作海气界面，厚度大约只相当于人类的头发。在这里，水中的有机化合物能够与大气发生接触。在吸收和释放包括甲烷和二氧化碳在内的温室气体方面，海面微表层发挥着至关重要的作用。

通常，海洋的各层在垂直方向上被定义为真光带、中层带、深层带、深渊带和超深渊带。根据与陆地的接近程度，也可以在水平方向上划分区域：潮间带——最高潮和最低潮之间的区域；海岸带——与陆地接壤的地区；远海带——远海地区。

然而，分区不仅要反映几个世纪甚至几十年前世界的样子，而且还要反映目前的状态，包括海洋性质的物理变化、化学变化和生物变化，大部分变化都源于人类行为的影响。尽管海洋中的生物不受政治区域和各国边界的影响，但它们会受到其他影响，包括温度和化学变化，以及航运、垃圾污染、工业捕鱼、采矿、钻井、噪声、军事行动、风电场、海上水产养殖等。海洋分区的"新常态"是"非常态"。

上图：一群玻甲鱼（或虾鱼）在印度洋–太平洋浅水区寻找掩护，它们以扁平、透明的身体以及长鼻子而闻名。

加利福尼亚海山

高耸的水下山脉和火山组成了加利福尼亚附近令人难以忘怀的美丽海景，而在这些海山中生活着多种多样的海洋生物。对于迁徙的海鸟以及濒临灭绝的蓝鲸和灰鲸来说，这个生物多样性程度极高的地方将成为它们的"加油站"，同时也是需要数百年才能长成的稀有珊瑚的家园。

本页图：海草覆盖了加利福尼亚附近的海山，一条巨大的鳐鱼正从海草上掠过。

海洋生物的寿命

在海洋中，多少岁算得上"老"？对一些浮游植物来说，一周就算是一个很长的时间了，因为它的同类很可能只活了几个小时就成了小型滤食性桡足动物的腹中之物了。奇怪的是，浮游植物中短命的蓝细菌与一些微生物产生联系，这些微生物可能在休眠状态下存在了几个世纪甚至数千年，直到周围的环境有利于它们的苏醒。数以千计的石内生物或石栖生物（细菌、古菌和真菌）栖息在海底数千米下的含水岩石中，它们的繁殖以世纪为单位，年龄以百万年为单位，它们为"变老"这一说法赋予了新的含义。2020年，一种在深海沉积物中休眠了1亿年的微生物被发现苏醒，这也成为海洋生命长寿的一个佐证。

桡足类如果足够幸运的话，可以存活1年以上，但它们很少有机会自然老去，因为这些微小的甲壳动物会被其他浮游动物、须鲸和其他以这些微小生物为食的动物贪婪地吃掉。而一类甲壳动物（85种左右，统称为磷虾）也以浮游植物为食，它们同时又是各种动物的食物。一种盛产于南极洲周围水域的南极磷虾大约需要3年时间才能成熟，其中个体的寿命可能会超过10年。海洋中的哺乳动物、鱼类、鱿鱼、鸟类每年消耗数百万吨磷虾。自20世纪80年代以来，人类用巨大的捕捞网捕获磷虾送到市场上销售。磷虾的寿命现在完全取决于运气。一只幸运的美洲螯龙虾的寿命可能与食用它的人类一样长。

对于作为海洋动物的主要食物来源物种的生物来说，大量而迅速地成熟和繁殖是它们生存的关键。像南极磷虾一样，以浮游植物为食的鲱鱼和油鲱等小鱼需要2—4年的时间才能成熟，寿命可能超过10年。但想要达到最大寿命，这些所谓的饲料鱼或诱饵鱼必须在进食的大鱼群中活下来，这些大鱼群需要它们作为中间人，来获取微小的浮游生物释放和储存的能量。这些小鱼存在的意义便是以合适的体型和形式供较大的动物找到并捕食。人们也大量捕获这些小鱼，主要用作肥料或作为家畜的饲料。

鲨鱼和鳐鱼的生长和成熟十分缓慢，它们会繁育少量的后代，并且寿命往往很长。鲸鲨是所有鱼类中体型最大的，可以活100年以上。白斑角鲨每次可产数只到十余只小白斑角鲨，小白斑角鲨在它们的母亲体内生长可达两年，当它们在海中出生后，不出意外可

上图：在东太平洋的深海沉积物中，伞形海笔在此驻留，它以经过的浮游生物为食。

成熟的年纪

在鲨鱼、金枪鱼和鲸等长寿的海洋捕食者中，体型较大、寿命较长的鱼比同类中体型较小的鱼繁育更多的后代。颇具讽刺意味的是，它们也最受人类市场青睐。

大西洋蓝鳍金枪鱼，5—10年成熟，寿命20年以上

鲨，9—12年成熟，寿命20年以上

美洲螯龙虾，5—8年成熟，寿命50年以上

小鳞犬牙南极鱼(深海银鳕鱼)，6—9年成熟，寿命50年以上

大西洋胸棘鲷，27—32年成熟，寿命150年以上

弓头鲸，20年成熟，寿命200年以上

以活 100 年。鲨鱼中（事实上，在所有脊椎动物中）历来的长寿冠军是一种大型的（长达 6 米）、能够深潜（深达 3 000 米）的格陵兰睡鲨，它与白斑角鲨同属于角鲨属。2016 年，人们发现了一只已经 400 岁的母格陵兰睡鲨，并且它很有可能再活 100 年左右。这只格陵兰睡鲨估计出生的时间与伽利略发现木星卫星的时间大致相同，并且在 150 年后，它达到性成熟，而那个时候，詹姆斯·库克船长刚刚抵达澳大利亚。

在哺乳动物中，已知最长寿的动物是一只雄性弓头鲸，它于 2007 年被因纽特人捕获。当人们在这条鲸鱼中提取油脂时，在其组织中发现了一个深深嵌入的石矛头，这表明它确实是一头已经 211 岁的鲸。其他寿命较长的物种包括穴居蛤和象拔蚌，它们能活 150 多年，巨紫球海胆的寿命超过 200 岁。一只冰岛蛤蜊出生于 507 年前，当时的中国还处于明朝，这种蛤蜊也被命名为"明"。

墨西哥湾的黑珊瑚（角珊瑚目）已有 2 000 多年的历史，夏威夷金色珊瑚的标本表明，它在公元前 720 年时就已经在深海中存在了。南极海绵的寿命是胸棘鲷的 10 倍，但与 10 000 年前新石器时代就已经在南大洋寒冷深处生长的玻璃海绵相比，它还只能算是个"年轻人"。其中，最古老的生物是由细菌形成的锰结核，这些细菌在贝壳碎片或鲨鱼牙齿周围沉积各种矿物质，形成了"活着的岩石"。一个仍在生长的马铃薯大小的锰结核可能经过了超过 100 万年的新陈代谢。

重要事件

入侵物种

北美沿海水域中潜伏着入侵的外来物种：来自地中海的绿藻、来自里海的斑马贻贝以及来自南太平洋和印度洋的狮子鱼。它们可能碰巧黏在了一艘在世界各地航行的船的船体上，或者是从其他国家的水族馆中被放出来的，或者本来是被用作钓饵，结果逃到了外国的水域。

一旦外来物种达到一定的数量，它们就占据一定的空间并开始繁殖，这时，这个物种就会变得具有入侵性。例如，狮子鱼每年可能会产下200万个卵。外来入侵物种会吃掉本地的植物和动物，破坏食物网和生物栖息地，并进一步威胁生物多样性和海洋健康。全球组织正在努力遏制入侵物种的引入并减少已经入侵物种的数量。

上图：狮子鱼原产于南太平洋，现在作为入侵物种栖息在大西洋的部分地区。

左页图：在地球上寿命最长的哺乳动物中，北极的弓头鲸至少可以活200年。

生殖成熟年龄 ——— 寿命 ———

自然奇迹：多

为了对地球上数量众多的生物进行分类，《美国公共科学图书馆·综合》期刊在 2015 年发表了生物物种目录，这个目录凝聚了数千名科学家的心血，现在人们仍在不断对电子数据进行更新。以下是一些庞大且不断增加的生物清单，正是在这些生物的共同努力下，地球在 21 世纪仍然适合人类及其他生物居住。其中记录了三个重要的生物域：真细菌域、古菌域、真核生物域。真核生物域分为原生生物界、色藻界、真菌界、植物界和动物界等。分类层次结构中的下一级别是门，门又分为纲，纲又分为目，目又分为科，科又分为属。然后，每个属中都至少有一个种，以这种生命单位来定义一组生物体，它们具有相似的基因组成，可以与自己的同类进行交配，并可产生可繁殖的后代。

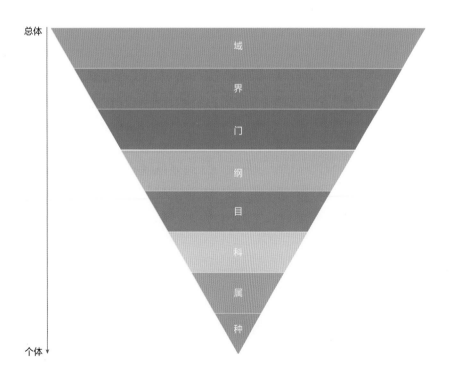

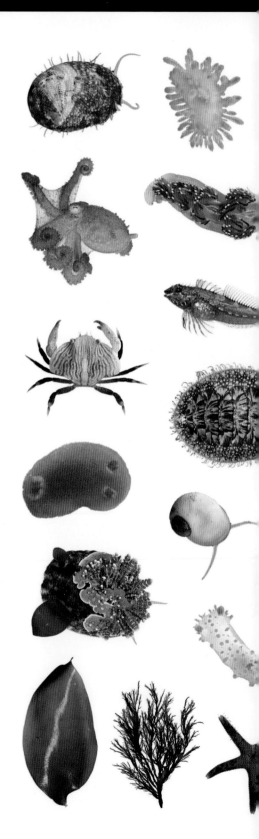

如何给动物分类

分类学中使用多个级别对每个生物进行分类。以弓头鲸为例，它属于：真核生物域、动物界、脊椎动物亚门、哺乳纲、鲸下目、露脊鲸科、弓头鲸属、弓头鲸种。

样的海洋生物

病毒

病毒具有独特的遗传物质，但人们认为它是处于生物边缘的生物实体，无法在宿主之外进行繁殖。因此，病毒并不包含在三个域之内。目前人们已经确定了大约 5 000 种病毒，但鉴于它们在活宿主体内广泛存在，所以它们的种类可能达到数百万种。

古菌域

古菌域中的生物体表面上类似于细菌（在显微镜下观察，其细胞内没有有组织的细胞核），但它们的基因构成与细菌以及其他生物截然不同，于是在 20 世纪 70 年代后期，人们将其划分为单独的一个域。微生物学家在黄石国家公园的热水泉和海底热泉喷口中发现了这些微生物，并确定它们无论在遗传方面还是在生物化学方面都是独一无二的。古菌曾经被认为是只生活在部分高温区域的稀有外来生物，现在我们已经知道远海中到处都有它们的身影。它们能够产生甲烷，生活的地点包括奶牛和白蚁的消化道、盐碱程度高的极端环境、沼泽中氧气稀少的泥浆之中、海底热泉喷口以及地下深处的石油沉积物。

真细菌域

细菌大多体积极小，在没有组织细胞核的单个细胞内执行其生物的功能。20 世纪 90 年代初期，只有大约 4 000 种细菌被命名，而且当时还认为很少有细菌存在于海洋中。现在，人们预计有数百万种截然不同的细菌，其中很多种数量相对较少，并且处于休眠状态。真细菌域是生物种类最丰富的生物域。随着对细菌性质的不断了解，人们也意识到细菌在影响其他生物领域方面具有重要的作用。

目前至少有十几种主要的细菌群（包括曾被归类为蓝绿藻的蓝细菌），这些微小的蓝绿色生物同植物一样具有光合作用的能力，并且目前历史最悠久的化石也是蓝细菌化石（35 亿年）。从地球形成的初期开始，蓝细菌就依靠光合作用消耗二氧化碳，并产生了现在大气中的大部分氧气。它们至今仍在发挥作用。这些生物的另一个重要属性是它们能够将大气中的惰性氮转化为光合生物用于生长的有机形式。

真核生物域

无论是微小的浮游生物或是海绵，还是人类潜水员，所有真核

重要事件

海底热泉

冰冷的海水流入裂隙中，与熔岩接触后温度升高，足以溶解岩石中的铁、锰、硅和其他矿物质。然后，这些富含矿物质的热水从海底涌向海面，有时是缓缓渗出的温水，但更多的时候是滚烫的、喷涌而出的间歇热泉。当这种过热的海水因为温度降低而倒流回周围的海洋中时，矿物质会沉淀成一层金属外壳，有时也会沉淀成高大的烟囱状柱子，形状与高层建筑无异。根据计算，海洋中的所有海水大约每1 000万年通过海底热泉循环一次，海洋中的盐度也因此保持着惊人的一致。

就海底热泉的位置而言，似乎主要在活跃的海底扩张脊周围，以及破裂带周围和俯冲带沿线，有时还会出现在孤立的海山上。换句话说，海底热泉主要出现在海洋中存在火山活动的地带。

在这块黑烟囱中，生活着管状蠕虫、蛤蜊和贻贝的群落。这些动物以微生物为食，而微生物则是依靠化能合成中产生的化学能量繁衍生长。在光合作用出现之前，细菌等微生物似乎已经在海洋中进行了长达10亿年的化能合成过程。

右页上图：极端微生物葡萄球热菌在富含硫且温度极高的环境中茁壮生长，比如在海底黑烟囱附近。

右页下图：螺旋形的迂回螺菌存在于咸水和淡水中。

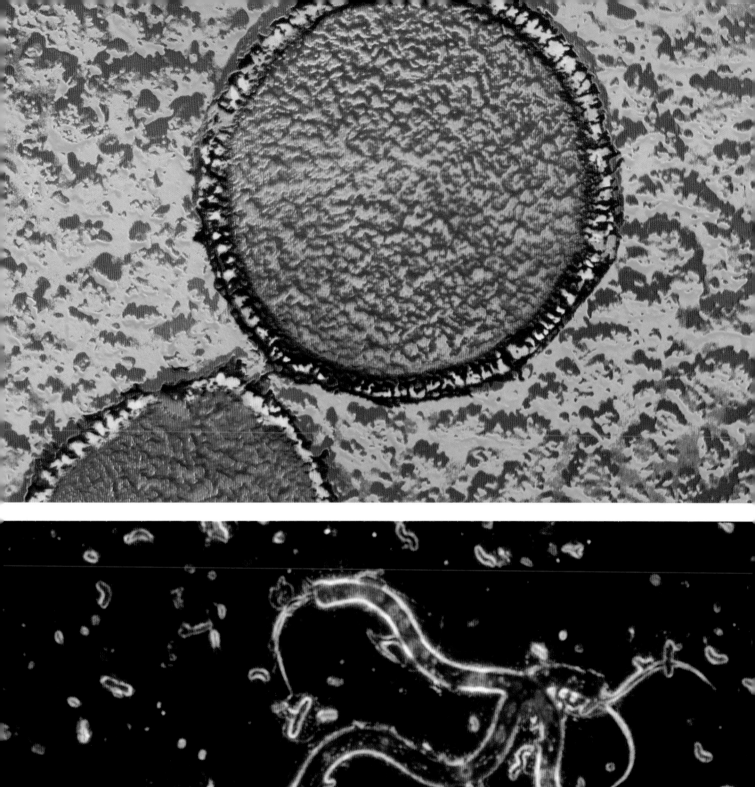
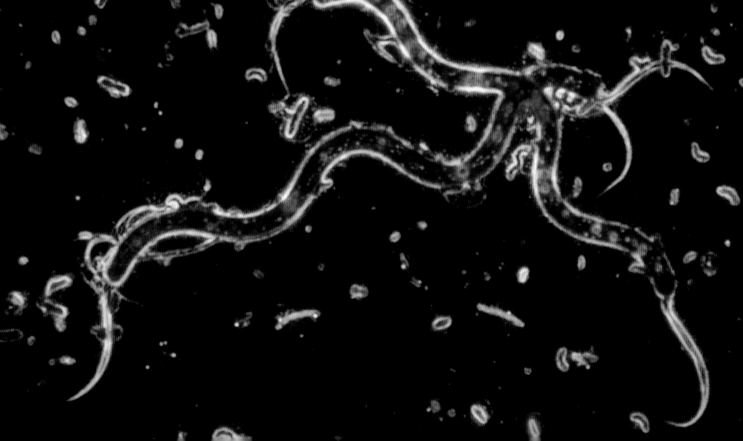

生物都有一个共同点：它们的一个或多个细胞内有一个膜结合的细胞核，其中的遗传物质以染色体的形式存在。真核生物域主要包括以下几个界。随着新的生化技术的应用，我们会越发了解这个高度多样化的生物领域，其中的分类可能也会因此发生变化。

原生生物界

原生生物界是各类原生生物的集合，包括小型的单细胞原生动物、光合浮游生物和许多多细胞生物，其细胞包含带有遗传编码的细胞核。原生生物中具有光合作用能力的生物与蓝细菌一起制造了大气中的大部分氧气，并通过光合作用固定了太阳的能量，从而成为海洋食物网的基础，进而为大部分海洋动物以及许多以海中生物为食的陆地生物提供了食物。

纤毛虫门： 它们虽是单细胞生物，但其表面覆盖着一层完整或不完整的短而浓密的毛发状纤毛，它们能通过纤毛进行移动或吞食食物。这些小生物在淡水和咸水中都很常见，在各种环境中都能迅速生长。

双鞭毛虫门： 单细胞但高度多样化的甲藻是这一门生物中"臭名昭著"的一种，因为它们能够造成赤潮，并且在浅水地带制造生物发光现象。这一门中大约有一半的生物是可以进行光合作用的；其余的则存在于其他生物体内或直接寄生。它们通常有一对用于移动的鞭毛。

有孔虫门： 单细胞生物，拥有较为复杂的结构，其外壳由碳酸钙这样的无机化合物或胶结在一起的沙粒组成。它们大量的外壳在海床上形成深层沉积物。在巴哈马等地，正是它们的外壳造就了白色的沙滩。其中的许多物种对水温的耐受性不同，因此它们的外壳是研究古代气候条件的重要工具。

领鞭毛虫门： 有些人认为微小的、有鞭毛的单细胞领鞭毛虫是"动物的祖先"。这些生物类似于海绵的某些细胞，它们完全是水生的，以海洋和淡水环境中更小的生物为食。

放射虫门： 单细胞放射虫因其玻璃外壳精巧的对称性而备受地质学家和生物学家的关注，它们的骨骼已经在海洋沉积物中存在了数百万年，因此提供了有关古代海洋性质的重要线索。

色藻界

有时人们会把色藻界与植物界混为一谈，它们之间的不同之处在于色藻界生物具有叶绿素c（一种在某些海藻中发现的叶绿素形

右页图： 放大1000倍后可以发现，这种单细胞双鞭毛藻使用两对鞭毛（毛发状的延伸部分）进行移动。

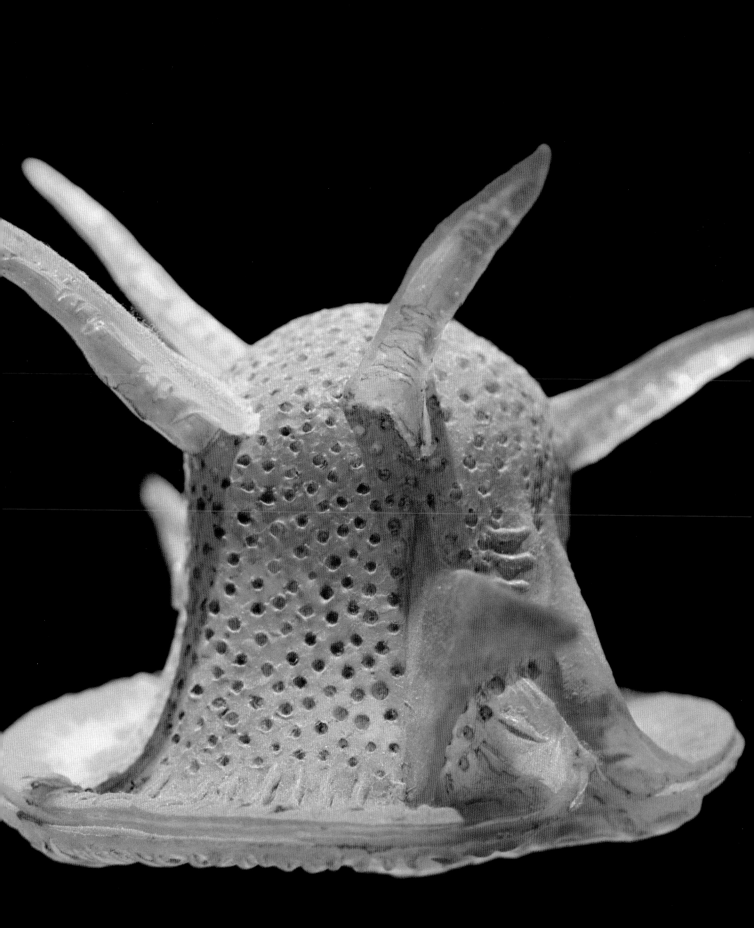

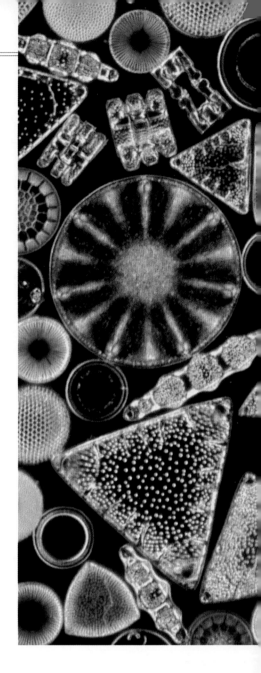

式，植物中并不存在），并且不以淀粉的形式储存它们的能量。它们与原生生物的不同之处在于，它们具有独特的色素，使它们中的大多数呈现出特有的棕色或金色。

硅藻门： 硅藻不仅因其精细复杂的玻璃壳的美丽为人所知，更因其作为海洋和全球淡水系统中食物生产者的关键作用而闻名。通常情况下，它们会有两个壳，其中一个比另一个略小，像一个微型珠宝盒一样包裹着一个细胞。通过化石记录人们已经得知，一些岩石主要由硅藻壳形成。人们已开采硅藻土多年，可将其用作过滤剂和作为天然杀虫剂。

金藻门： 金褐色的金藻门生物非常小，通常能进行光合作用，有的以定殖的方式生存，有的带有二氧化硅或硅质化鳞片。它们多出现在淡水和海洋中，在化石记录中也经常出现，并且仍然普遍存在于海洋的漂浮浮游生物层或附着在生物的表面上。

褐藻门： 褐藻几乎都是海洋生物，凉爽或寒冷的沿海水域最适合它们繁育。有些长成了纤细的细丝簇，有些则类似于精致的丝带或多叶的金棕色灌木。海带属于褐藻门，它也是海洋中最大的光合作用生物。加利福尼亚的巨藻每天生长约三分之一米，长度可达30 米。

定鞭藻门： 这一门中的许多物种都因化石而知名，现在约有500 种定鞭藻门生物在海洋中的光合作用方面做着重要的贡献，其中就包括球石藻。球石藻的精致钙质壳在广阔的海底区域堆积成了沉积物，这也是白垩的主要成分，比如英格兰东南海岸著名的多佛尔白崖。

潜 入 深 海

原绿球藻

这个名字在拉丁语中的意思是"原始的绿色浆果"。这个名字可比蓝细菌要长多了。研究发现，原绿球藻群落漂流在海洋表面，对今天地球大气层的形成以及我们的未来起到至关重要的作用。从大约35亿年前的化石（地球上已知最古老的生命证据）中，科学家们追踪了蓝细菌演化和生活环境、其光合作用以及向大气中输送氧气的过程。作为海洋中数量最多的光合作用细胞，原绿球藻所进行的光合作用占地球光合作用总和的10%。它的遗传复杂性远远超过我们人类——所有原绿球藻物种大约有80 000个基因，而人类只有20 000个。它们在生命起源、支持陆地和海洋生命、影响演化、将生命所需的氧气输送到大气以及影响气候方面发挥了作用，而确定这些作用对我们的未来至关重要。

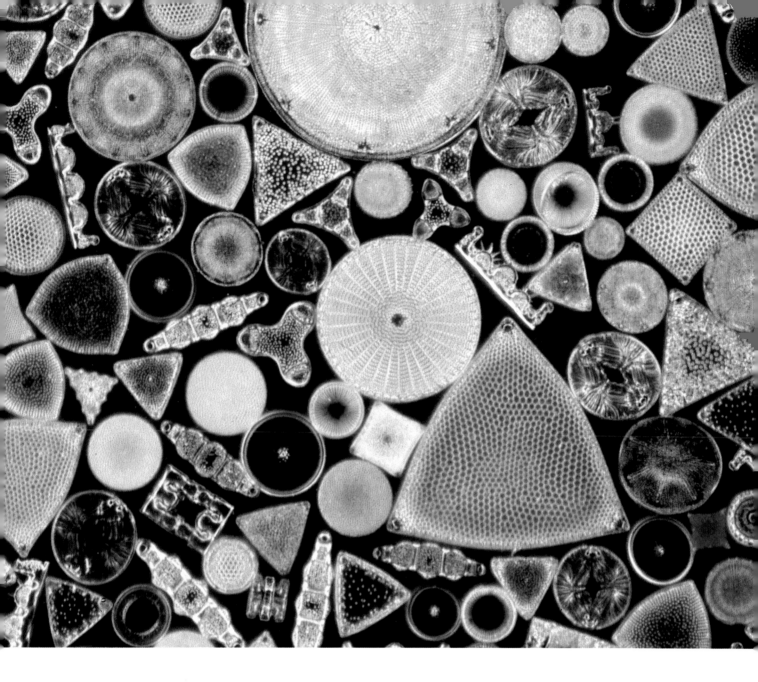

真菌界

　　人们目前至少确定了四门真菌类生物，其中包括许多常见的海洋物种，但它们十分隐秘，我们很少能见到它们的身影。很多真菌体形很小，有些是寄生的，并且不能进行光合作用。据估计，目前世界上有 1.5 万—500 万种真菌，但到目前为止，只有大约 1100 种完全生活在海洋中。

植物界

　　历史上，几乎所有能进行光合作用的生物都被视为"植物"，但根据目前的定义，植物是多细胞的光合生物，其细胞壁中含有纤维素，

上图：这种天然的彩色玻璃是来自新西兰奥马鲁的一种化石，里面含有微小的硅藻，这些硅藻可以利用海中的二氧化硅建造玻璃状的外壳。

并且细胞内存在含有遗传物质的细胞核。通常，一个生命周期涉及具有一组染色体（单倍体）的一代和涉及一组或多组染色体（二倍体）的一代。保留在雌性器官内作为种子发育的二倍体胚胎是开花植物的特征，但不同植物的繁殖方式差异很大。

植物界包含 10 多个门，其中包括蕨类植物、苔藓植物、种子植物等。一些蕨类植物、灌木和沼泽草生活在微咸水或咸水中，但最著名、分布也最广的海洋植物是人们常说的海草，各大洲广阔的海底草场都是由它们组成。从太空中可以看到，一些海草场有 40 万个足球场那么大。所有这些都对沿海生态系统的健康起着至关重要的作用。海草强壮的根和茎不仅通过结合沉积物来支撑沿海陆地，而且还可以清除水中的病原体，为脆弱的海洋生物提供庇护所和食物来源。它们还充当碳汇，储存大气注入海洋的超负荷的碳元素。1 平方米的海草每天可以制造多达 10 升的氧气。

除了海草外，世界各地的热带和暖温带海岸还分布有大约 80 种红树林。它的根垂直向下，非常大，弯曲根状茎保持水平，使植物本身维持着一种堡垒般的安全。它们能够吸收二氧化碳，并为许多无脊椎动物、鱼类、鸟类和哺乳动物提供了迷宫般的避风港。

动物界（后生动物）

这个界中包括多细胞的、不具有光合能力的生物，其细胞没有细胞壁，细胞核内含有遗传物质。大多数生物会形成专门的器官，并具有二倍体胚胎，即具有两组染色体的胚胎。随着人们不断对动物产生新的认识，动物门中各门生物有时会被归并或细分为更多的类别。以下各门的顺序没有按照演化程度排序，但一般来说，结构相对简单的生物在前，结构更复杂的生物在后。

多孔动物门：这些古老的海洋生物又称海绵动物，共有约 1 万种，其名字的意思是"有洞的"。这些动物主要分为三类：六放海绵纲（玻璃海绵）、钙质海绵纲和寻常海绵纲，它们具有独特的钙质或硅质针状体，固定在其海绵状或软质的基质中。有一类海绵用类似维可牢尼龙搭扣的针状体诱捕甲壳动物，然后用迁移到捕获位置的特殊细胞进行消化。在侏罗纪时期，玻璃海绵珊瑚礁在温暖的浅海中十分常见，但在现代，人们本来认为它只可能作为化石存在，直到 20 世纪 80 年代后期，人们在加拿大西部大陆架上发现了大型活珊瑚礁。随着深海探索的推进，在西班牙北部海岸、南极洲和许多其他地方的峡谷中发现了玻璃海绵。

扁盘动物门：19 世纪 80 年代，人们在海洋水族馆的玻璃上发

上图：作为 5 000 多种海绵之一，黄色管状海绵装饰着加勒比海的珊瑚礁。

现了这种动物中一种非常小的物种（仅有 0.5 毫米宽）。除此之外，人们对它们几乎一无所知。

菱形虫门：这一类生物是动物界中生物细胞数量最少（8—40 个）的。它们是海洋中的寄生动物，只寄生在某些章鱼和鱿鱼的肾脏中。

直泳虫门：这些小型的、有纤毛的海洋寄生动物寄生于各种无脊椎动物体内，目前已知大约有 20 种。

黏体动物门：这些微小的寄生动物以海洋无脊椎动物和一些脊椎动物为宿主。它们具有独特的多细胞孢子，人们认为它们是刺胞动物门的近亲。

刺胞动物门：这一门生物中包括数以千计的水母、珊瑚、海葵、水螅和海笔，以及少数淡水物种，所有这些物种都以其触角内嵌有特别的刺细胞而著称。刺胞动物的独特之处在于，它们只有两个基本的细胞层（外胚层和内胚层），中间有一种柔软的材料——中胶层，大型水母和海葵的大部分身体都由这种物质构成。珊瑚会形成碳酸钙骨架，并带有单个珊瑚虫的杯状结构。无数珊瑚的数千个相互连接的杯状结构形成了巨大的石质结构。

栉板动物门：栉水母、球栉水母、爱神带栉水母和淡海栉水母的侧面有八条独特的彩虹色纤毛，它们通常是半透明的，并且能够进行生物发光，大多是海洋中的食肉动物。它们大多数生活在海洋各层中，也有少数生活在海底。它们在外观上与刺胞动物相似，但是栉板动物门生物具有三个独特的细胞层并且没有刺细胞。它们有些具有可伸缩的触手，触手上带有黏性细胞，可用于捕获猎物。它们以其他生物为食，有时甚至会吞食与它们一样大的其他水母。

扁形动物门：已知有三类扁虫，其中两类——绦虫纲和吸虫纲是寄生性的，其生活史极为复杂，有时会涉及多个宿主。海洋中最引人注目的当数自由生活的涡虫纲，有些涡虫色彩鲜艳，像水中的蝴蝶一样优雅。它们大多数只有几毫米长，但部分可以长到 15 厘米。

纽形动物门：包括近千种带状蠕虫，它们生活在整个海洋中的沙地、泥泞和多岩石的地方，肢体柔软，全身没有分节。它们使用可伸展的长喙收集食物，有时也会用光滑的身体包裹住猎物。它们大多数有几厘米长，但有一种纽形动物有 30 米长。

轮虫动物门：在已知的大约 2 000 种轮虫动物中，有几百种靠依附海藻或其他生物而生存，有些则依附海中漂浮的浮游生物。它们的体型很小（1.0—2.5 毫米长），全身半透明，并且经常大量出现。它们有一个圆形的纤毛覆盖的器官，可以将较小的生物推入自己的食道中。

上图：一种叫作紫红色扁虫的生物，太平洋原生物种，其学名的一部分意为"生锈的"。

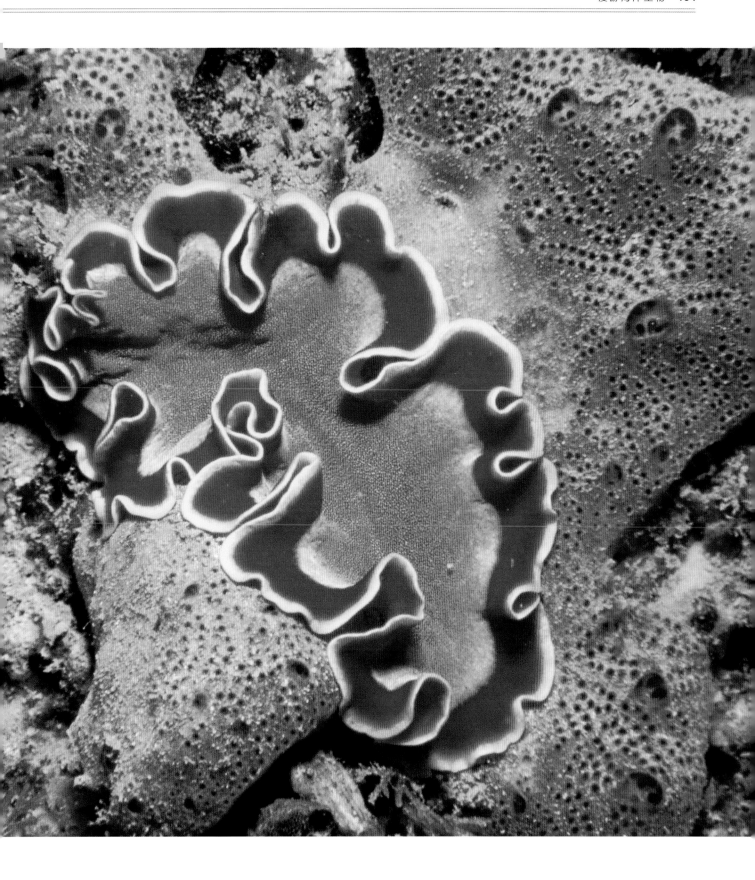

腹毛动物门： 目前人们已经在世界各地水域的泥沙中发现了大约 400 种腹毛动物，它们长度不到 1 毫米，腹部长满纤毛是其标志性的特征。

动吻动物门： 从沿海沙滩到海藻的叶子，再到深海，到处都有微小的动吻动物。它们完全生活在海洋当中，全身呈圆柱形，分为 13 节，多刺，并且大部分身体都是透明的，但由于不起眼的体型和神秘的习性，人们对它们并不是很熟悉。

线虫动物门： 顾名思义，这些生物的体形长而窄，它们的名字来源于希腊语"nema"，意为"线"。纵向对称的肌肉使它们能够左右弯曲，但不能向其他方向弯曲。其中有一些是非寄生或共生的物种，它们依靠潮湿的土壤、深海泥浆、极地冰以及温泉中的细菌繁衍生息。基本上凡是有食物和水的地方它们都能生存。而有些以寄生形式生活的物种几乎出现在所有已知的其他生物体表或体内，包括栖息在抹香鲸肠道中的 13 米长的线虫。目前线虫门中大约确定了 15 000 个物种，但据估计，可能有 50 万种尚待发现，因此在多样性上可与节肢动物（包括昆虫、蜘蛛和甲壳动物等）相媲美，而且很可能在物种数量上比它们多。

线形动物门： 包括 240 种细长的铁线虫，大多数生活在淡水中，有些则寄生在海蟹中。它们与线虫有关联，其幼虫是无脊椎动物身上的寄生虫，成虫不进食，而是将其短暂的生命用于产卵和受精，以确保种群的延续。

棘头动物门： 这些带刺的蠕虫成年后完全寄生在脊椎动物（主要是淡水鱼）中。它们的幼虫寄生在甲壳动物或其他节肢动物中，当宿主被脊椎动物吃掉之后才能使这些幼虫成熟。

内肛动物门： 这一门生物大约有 170 种，广泛存在于世界各个海洋中，只有少数种类生活在淡水中。其中有一小部分是单独生活的，但大多数都聚集在一起。它们都有一个独特的触手冠，可以用来捕捉小猎物。

颚口动物门： 这一类生物完全生活在海洋，一共大约有 100 种。这种蠕虫状的小动物拥有成对的下巴。它们生活在世界各地的浅海或深海泥沙中。

鳃曳动物门： 这种管状生物分布广泛但非常不起眼，大约只有 20 种，完全生活在海洋当中。它们浑身是刺，如同仙人掌一样。

铠甲动物门： 这些非常小的生物全身半透明，呈桶状，完全生活在海洋当中，身上具有特征性的刺和鳞片鞘。最初人们是在大西洋几个地方的沙粒中发现它们的。现在已知约有 50 种铠甲动物，生

重要事件

在太空中看到的海洋颜色

1978 年，美国国家航空航天局启动了海岸带水色扫描仪实验，自那之后，卫星一直在用各种颜色表示沿海海域中的不同物质。例如，黄色可能代表河流径流的悬浊颗粒。到2020年，已经有6颗带有"颜色编码"的美国国家航空航天局卫星在太空中监测地球的状况，其中包括地球同步海洋水色成像仪。

借助这些卫星，科学家们正专注于观察浮游植物种群的颜色。单细胞浮游植物可能只有针头那么大，但是当大量的浮游植物开花时，它们的叶绿素会将沿海水域变成充满活力的蓝绿色阴影，卫星可以很容易地从地球上空数百千米之外测量它们的范围。水越蓝，花的密度越小；水越绿，花的密度就越大。浮游植物会利用二氧化碳进行光合作用，所以大量的浮游植物会从大气中吸收更多的碳。如果一直这样持续下去，它们可以大幅降低大气中的二氧化碳水平，进而降低海洋的平均温度，因此能够有效地应对全球变暖。

右页图： 管水母是刺胞动物的近亲，它们仿佛穿着一条草裙，以舞者般的优雅挥舞着能刺痛其他生物的触手。

活在水下 10—500 米的深处。

圆环动物门：直到 1995 年人们才发现这一门生物，目前只有一种已知生物。它们附着在挪威海螯虾嘴里的刷毛上，并用纤毛包围着自己的嘴进行滤食。

星虫动物门：这一门中已知大约有 330 种，全部生活在海洋中。它们有一个肌肉发达的身体，呈球根状，全身光滑且不分节，一端细长，嘴周围有一圈触须，用来吃腐屑。有些星虫很小（2 毫米左右），但有些几乎和棒球棒一样大。它们大多数生活在沙子或泥土中，但有些会钻入岩石或珊瑚中，或栖息在大型海藻的固着器中。

螠虫动物门：大约有 150 种，它们完全生活在海洋中，在各大海洋中都能见到它们的身影。每一种螠虫身体的一端都有一个可伸缩的进食长喙，另一端有多刺的钩状器官。有一种在太平洋生活的螠虫被称为"旅店老板"，因为许多小虾、螃蟹、多毛类动物以及其他生物会进入它的洞穴。

环节动物门：目前已知大约有 9 000 种，大部分是多毛纲环虫，通常有许多刚毛或刺。多毛纲环虫种类繁多且分布广泛，生活在沙

上图：南太平洋白斑寄居蟹体长30厘米，体型较大，它们会为了争夺腹足类的壳作为自己的住所而与同类争斗。

子和泥土中，以及海绵和珊瑚上，或作为浮游生物自由漂浮，有些会制造碳酸钙管作为住所。其微小的担轮幼虫呈明显的球形或梨形，并带有圆形纤毛，有助于它们在水中游动。

须腕动物门：这一门中大约有80种生物，完全生活在海洋中，大多没有嘴巴或胃。它们生活在从沿岸浅海到深海的一系列地区。其中最具代表性的生活在深海海底的冷泉和热泉喷口中，在那里，它们从生活在其独特、多彩的羽状物中的共生细菌处获取营养。有些长度超过2米。

有爪动物门：曾经在古代海洋中大量存在，如今约有100种像毛毛虫一样的小天鹅绒虫生活在潮湿的陆基森林栖息地，主要分布在南半球。

缓步动物门：目前已知大约有800种，其中大约有一半生活在从深海沙地到某些海藻表面的海洋环境中。有些是掠食性的，但大部分只是从其他生物体中吸取汁液。它们的外形类似于小而粗腿的熊（通常被称为"水熊"），体长通常只有1毫米或更短。这些大部分是半透明的生物与某些微生物一样，都有长时间休眠的能力。

2019 年，当一艘为了科学实验而搭载它们的航天器降落在月球上时，其中一些被意外释放到了月球上。

节肢动物门：节肢动物有分关节的腿、分段的身体、复眼和外骨骼，外骨骼通常在生长过程中定期脱落。在这个最多样化的动物种群中，昆虫占据了所有已知节肢动物的 80% 左右，只有少数生活在海洋。在海洋中，已发现约 30 000 种甲壳动物，包括螃蟹、虾、藤壶、桡足类、介形类、口足类等。

软体动物门：已知的近 5 万种软体动物中，大部分都是海洋物种，其中包括 600 多种头足纲（包括章鱼和鱿鱼），700 种类似象牙的掘足纲，1 000 种左右的壳板覆瓦状排列的多板纲，以及 2 种有 1 个帽状外壳的单板纲。除此之外，这一门的生物还包括主要在海洋中生活的双壳纲（如蛤蜊）和腹足纲（如蜗牛）。这一类动物都具有高度组织化的组织和器官，大多数都有一个或多个在内部或外部的外壳。头足纲的感觉器官特别发达，其眼睛的结构很像脊椎动物，此外还有一个复杂的神经系统。

帚形动物门：这一门中大约包含 15 种完全在海洋生活的物种。它们体型偏小，分布广泛，外形呈管状，并且是滤食性摄食动物。

外肛动物门：外肛动物有数量丰富、种类多样的化石记录。目前生活在海洋中的大约有 5 000 种滤食性苔藓动物。它们中少数生活在淡水中，在那里，它们通常聚集成群，长着带花边的外壳，有时呈直立的簇状。

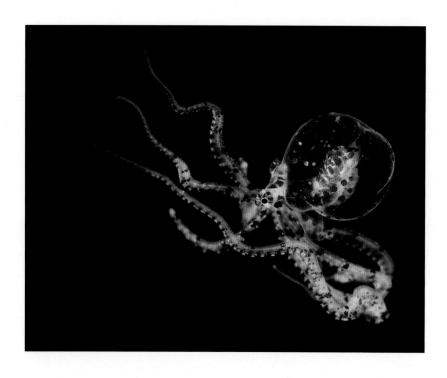

詹氏甲烷球菌

1968 年，"阿尔文号"研究潜艇（未搭载任何船员）在马萨诸塞州附近沉没。一年后，人们将潜艇打捞上来后发现，本来打算给船员的午餐三明治虽然被水浸透了，但整体完好无损。这引起了微生物学家霍尔格·詹纳施的兴趣。他确定，在低温高压的海洋中，微生物的新陈代谢减慢了大约 100 倍，使三明治保持了"原始状态"。他想知道它们如何在极端的深海环境中繁衍生息，尤其是在海底热泉周围，以及它们对地球上的生物有何意义和影响。

他发现，通过以海底热泉喷口中的硫黄为养料，这些微生物构建起了一个涵盖广泛的生态系统。他开始认为，微生物既是地球上所有生命的核心，也可能代表生命的起源。

1996年，他发现了一种微生物，被命名为詹氏甲烷球菌。它生活在 48—94℃的温度和200倍于海平面气压的环境下，不耐氧，从二氧化碳、氮气和氢气中吸收营养，能够产生甲烷。对于那些期望在地球之外探寻到生命踪迹的人来说，发现这种微生物是一件非常鼓舞人心的事，不仅是因为这些微生物生活的环境与地球形成期的环境大致相同，还因为这意味着在诸如火星和木卫二（木星的卫星）等其他太阳系星球上也可能存在这样的生命。

左图：太平洋斑纹章鱼的名字来自德语"wunder"（意为"奇迹"），它可是一名伪装大师。

右页图：人造光（下）和自发光（上）下的深海水母——警报水母。

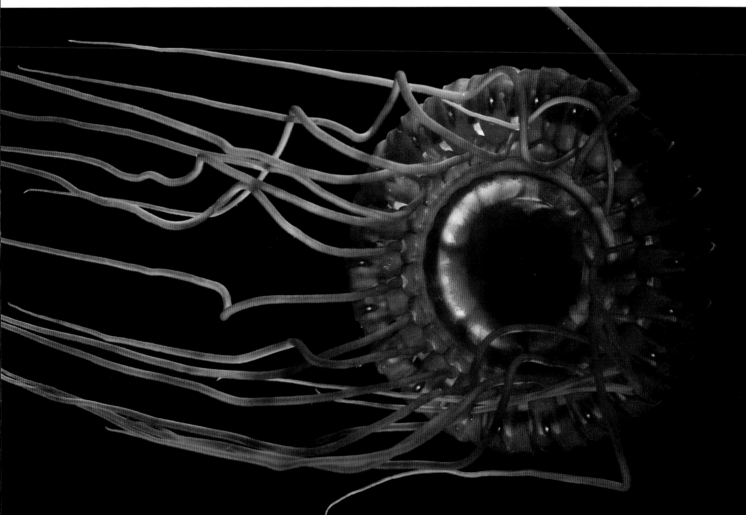

腕足动物门：一种古老的滤食动物，完全依靠海洋为生，表面看上去有点像蛤蜊。腕足动物曾经包含数千种之多，在古生代，它们的数量多到布满了整个海底。现在它们远不像曾经那么常见，种类也减少了，主要出现在寒冷的深水中。

棘皮动物门：这是一类完全生活在海洋的生物，以皮肤上多刺而得名，成员包括海星、海百合、沙钱、海参和海蛇尾等。棘皮动物呈独特的浮游幼虫和成虫，它们的皮肤上嵌有钙质骨板。其成体具有五辐射对称（海参的横截面也是这种形状），并且所有管足的动力来源于一个非常缓慢的系统，它通过吸水之后产生移动的动力。

毛颚动物门：这一门目前已知有100多种。它们体型普遍较小，完全生活在海洋，是一种浑身透明的捕食性动物，经常称霸浮游生物群落。在那里，它们贪婪地吃掉小型甲壳动物和幼鱼，以及它们的同类。

半索动物门：完全生活在海洋，有时归类为脊索动物，但与棘皮动物的关系更密切。目前共有数百种半索动物，这些软体生物主要是穴居动物，很多种类已经灭绝。

脊索动物门：海洋中最引人注目的生命体都属于这一门，包括：大约17 000种鱼类，70多种海豚、鲸、海豹、海狮和水獭，8—10种海龟，几种鳄鱼，约80种海蛇，1种半海生蟾蜍，以及数百种海鸟。鲜为人知的是，很多种樽海鞘、海鞘和叶状的小文昌鱼也属于这一类。智人也是脊索动物，虽然严格来说我们并不住在海洋中，但由于人类在海洋生态系统中作为捕食者占据主导地位，从而深刻改变了海洋的物理和化学性质，所以将人类归在此类是十分合理的。有些人通过潜水成功地成了"临时"的海洋哺乳动物，还有些人则建造了水下实验室或潜水器从而能够在水下生活。

左图：尽管章鱼已经存在了5.3亿年，但它们现在受到过度捕捞、酸性水域和水产养殖的威胁。

上图：像许多深海居民一样，这种浮游多毛类蠕虫——浮蚕，能通过生物发光照亮黑暗。

海洋生物的本源

人类与其他脊椎动物有很多共同之处。大约 5 亿年前，在寒武纪大爆发期间，已经出现了具有头骨和大脑、杆状柔性脊索或脊椎、中空的神经索和鳃裂，还长出了尾巴的生物，这些特征的出现标志着包括鱼类、两栖动物、爬行动物、鸟类和哺乳动物等种类繁多的动物登上历史舞台。对于包括人类在内的一些动物来说，脊索、鳃裂和尾巴只出现在发育的萌芽阶段，但无论如何，这些特征有力地证明了人类的起源，以及我们与现代脊椎动物的表亲关系。

哺乳动物、鸟类、爬行动物和两栖动物之间的联系似乎很明显，它们在胚胎以及成年时都拥有四个附器（手臂、腿、翅膀或鳍状肢），并且拥有在它们一生的全部或部分时间内能够呼吸空气的肺。鱼类似乎格外不同——在某些方面，它们确实如此。几千年来，鱼类的感官能力得到了增强，与其他脊椎动物相比，它们分布的空间更广，也更具生态多样性。并且，鱼类在物种、解剖学特征和行为方面的多样性比所有其他脊椎动物的总和还要丰富。像其他脊椎动物一样，它们已经演化出涉及声音、光、气味和触觉的交流系统，并且它们拥有极强的对化学物质敏感的感官，可能仍有其他我们还未发现的感官。尽管如此，对许多人来说，一条鱼就是一条鱼，仅此而已。与其他所有生命形式一样，每条鱼都是一个个体，具有独有的特征和行为——这一点在它们被做成食物时显然很难被人发现。

人类与无脊椎动物也有很多共同之处。观察水母、多毛类蠕虫、海星、虾和鱿鱼等多种生物的解剖结构之后，我们很容易便会找到它们与人类相似的特征。它们大多数都有对光敏感的器官，大部分有发达的眼睛；几乎都有一个摄入食物的地方和一个排放排泄物的地方；都有繁殖所需的身体构造和繁殖方式，其中大部分有两种性别。

再来看看头足类动物。它们具有"大大的脑袋、敏锐的感官和复杂的行为"。那些在宇宙中寻找智慧生命的人可能也会将目光投向海洋，与海面下蓬勃发展的生命宇宙建立联系。

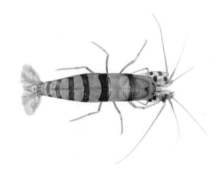

顶部图：海洋中的硅藻和其他浮游植物。

上图：与其他鼓虾一样，这种科隆群岛的鼓虾会捏紧钳子，用鼓一般的声音震慑猎物。

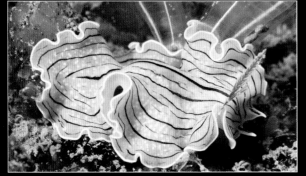

扁形动物门
白底条纹扁虫

纽形动物门
纽虫

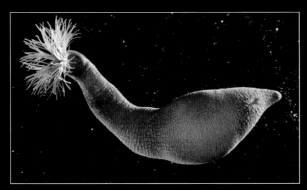

星虫动物门
星虫

螠虫动物门
螠虫

环节动物门
毛掸虫

环节动物门
火刺虫

环节动物门（须腕动物门）
羽织虫

缓步动物门
水熊虫

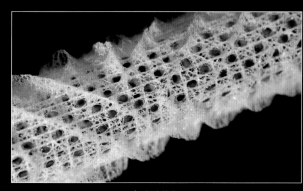

多孔动物门
巨桶海绵

多孔动物门
玻璃海绵（阿氏偕老同穴）

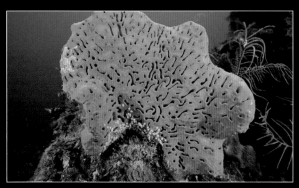

多孔动物门
象耳海绵

刺胞动物门
柳珊瑚

刺胞动物门
石珊瑚

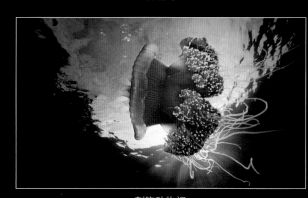

刺胞动物门
蝶形棱口水母

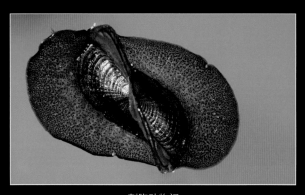

刺胞动物门
帆水母

栉板动物门
栉水母

种子植物门
泰莱草

种子植物门
泰莱草

种子植物门
泰莱草

种子植物门
盐角草（海蓬子）

种子植物门
互花米草

种子植物门
美洲红树

种子植物门
黑海榄雌

种子植物门
黑海榄雌

节肢动物门
海蜘蛛

节肢动物门
蜘蛛蟹

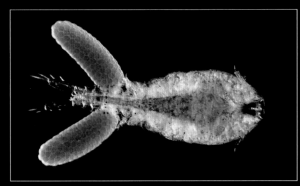

节肢动物门
叶水蚤

节肢动物门
大王具足虫

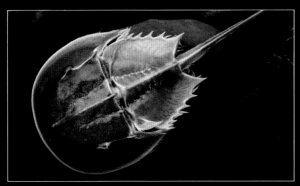

节肢动物门
鲎

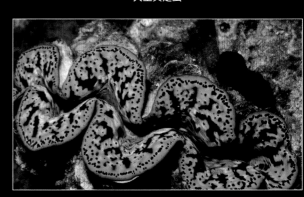

软体动物门
大砗磲

软体动物门
黑线车轮螺

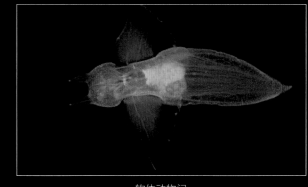

软体动物门
被壳翼足亚目

软体动物门
太平洋巨型章鱼

软体动物门
白斑乌贼

外肛动物门（苔藓动物门）
海王星苔藓

腕足动物门
腕足动物（"灯壳"）

腕足动物门
穿孔贝

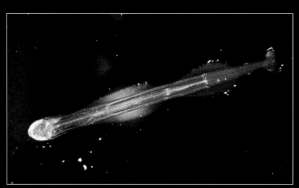

毛颚动物门
箭虫

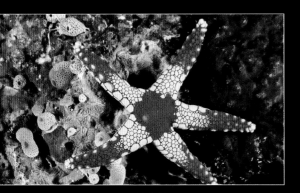

棘皮动物门
珠海星

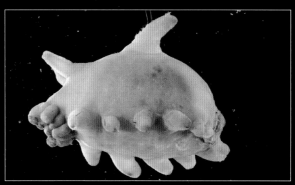

棘皮动物门
海参

红藻门
石枝藻

褐藻门
粉团扇藻

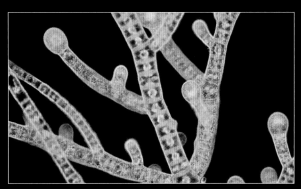

褐藻门
丝状褐藻

褐藻门
巨藻

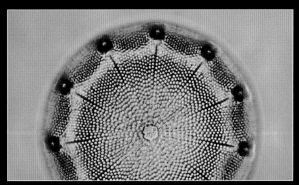

硅藻门
海洋硅藻

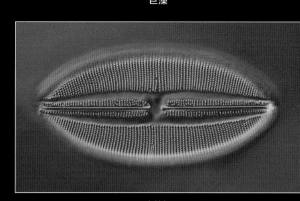

硅藻门
爱氏辐环藻

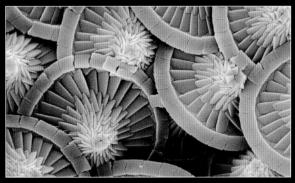

定鞭藻门
颗石藻

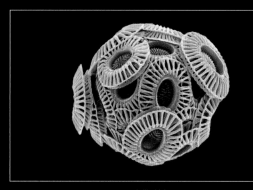

定鞭藻门
赫氏圆石藻

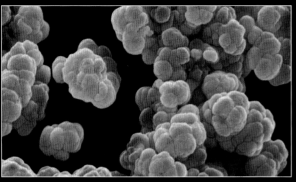

广古菌门
甲烷八叠球菌

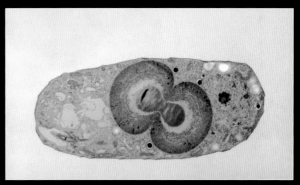

蓝细菌
原绿球藻

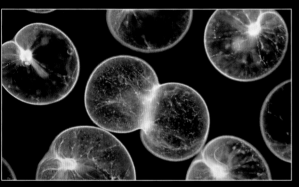

甲藻门
夜光藻

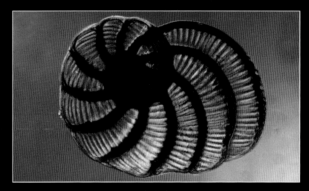

有孔虫
穿孔马刀虫

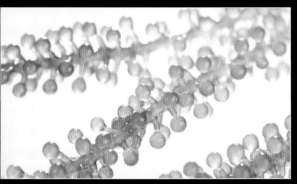

绿藻门
总状蕨藻

绿藻门
仙掌藻

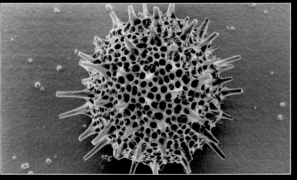

肉足鞭毛虫门
放射虫

红藻门
海膜

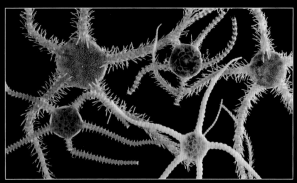

棘皮动物门
海蛇尾

棘皮动物门
石笔海胆

半索动物门
柱头虫

脊索动物门
金黄多果海鞘

脊索动物门
墨西哥隆头鱼（带纹普提鱼）

脊索动物门
绿海龟

脊索动物门
洪堡企鹅

脊索动物门
宽吻海豚

上图： 澳大利亚的蓝龙海兔能用两种
颜色进行伪装，它们通过吞咽气泡来
漂浮在海面上。

水下的家庭生活

　　自从数十亿年前第一个活细胞分裂成两个以来，各种生物为了自身的生存已经发生了惊人的变异和演化。对于细菌和古菌来说，繁殖过程似乎相当简单，细胞会根据营养物质的可用程度和其他有利条件进行分裂。在真核生物中（此类生物的细胞核内有包含遗传物质的染色体）出现了性别（基本上是伴侣之间的遗传物质交换），从而一切都发生了改变。结合不同的遗传密码可以增强变异的潜力，从而提高对各种环境条件的适应性。

　　在社群结构、性取向、求偶、忠诚度、怀孕的时间和条件以及照顾幼体方面，这些或体表被毛，或全身光滑，与我们同样呼吸着空气的"远亲"和我们有很大的差异。但是它们也面临着一些人类也会遇到的挑战：如何维持、同时尽一切努力确保自己的遗传连续性，包括如何求偶、交友、保持社会联系、进行亲代抚育和维持持久的家庭关系。

　　包括海绵、珊瑚、海星、多环节虫、龙虾和多种鱼类等海洋生物会同时将配子（卵子和精子）释放到自身周围，在水中完成受精过程，幼体开始在不稳定的环境中出生，随后寻找食物，一边自己进食，一边尽量避免被其他生物吃掉。

　　这种繁殖的方式一般每年一次，发生在某个特定晚上，具体由月球的特定阶段决定。在那一天，某些种类的珊瑚、海绵、海蛇尾、软体动物、多毛类动物和其他可能不太显眼的珊瑚礁上的"居民"，都会对这种古老的节奏做出反应，随后将一团配子送入海洋。周围的水既是液体繁殖场，也是饥饿的食卵生物的盛宴。

　　在交配和保护受精卵方面，鱿鱼秉持的理念可以用"爱它们，离开它们"来形容：交配完成后雄性章鱼就会离开。章鱼妈妈倾向于保护它们的受精卵，但幼体一旦完全成形，就必须自食其力。

　　龙虾和螃蟹等甲壳动物通常同时将卵子和精子释放到海中进行体外受精，受精卵可能需要数周或数月的时间才能完成孵化，形成幼体，其间会经历多个生长阶段，每个阶段对食物的需求也不尽相

上图：太平洋鹿角珊瑚每年产卵两次，每次都会喷出大量卵子和精子以确保受精成功。

右页图：一条用嘴孵卵的雄性红雀鱼照顾着大约400个受精卵。

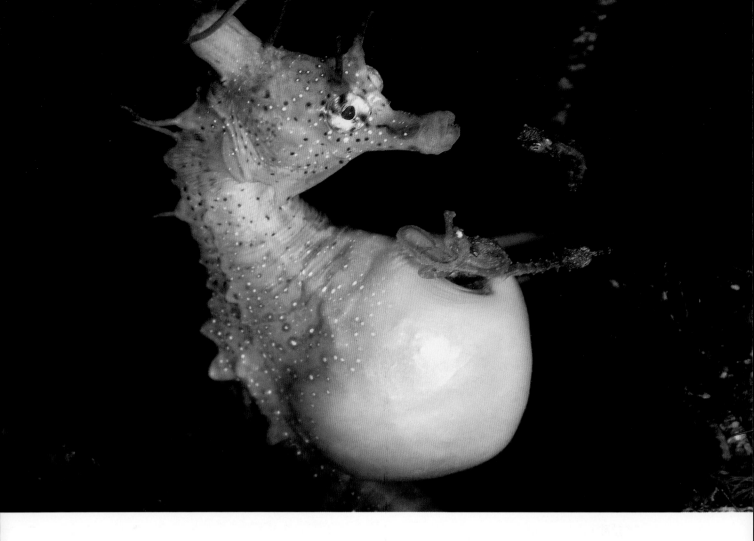

同。雄性雀尾螳螂虾在求偶时会先跳求偶舞，然后与雌性雀尾螳螂虾一起躲进洞穴里交配。雌性将受精卵放在腹部，直到数周之后开始孵化。由于藤壶在成年后固定在原地，因此不难理解，为了繁殖，它们大多数都成了雌雄同体的生物。和其他生物相比，有些藤壶的阴茎长度相对于自身比例而言比其他生物都要长。凭借外科手术般的精度，藤壶可以凭借这种器官将精子注入自体长度20多倍以外的藤壶体内。

在超过4亿年的时间里，鱼类的繁殖方式比任何其他脊椎动物都更加多样且巧妙。大多数鱼类在一生中以两种性别存在，但有些鱼的性别会随着年龄达到成熟而发生改变。鹦嘴鱼可能一开始是雌性，然后变成雄性，或者它们可能从雄性开始并一直保持雄性。无论最初性别如何，有些鱼类会成长为"超级雄性"，随后，它们身上会出现独特的颜色，有时身体特征也会得到加强。

不少鱼类因其精心而复杂的求爱和筑巢行为而闻名，但近几年人们发现，一种只有手指长度的白斑河豚的求偶行为也许能与园丁鸟的狂热艺术相媲美。其雄性会花费数周时间创造出一个复杂图案的沙圈，直径超过2米，并且会用贝类和沙钱进行装饰。它会留下

上图：雌性海马会将卵放到雄性海马的茶匙大小的育儿袋中进行受精和孵化，雄性海马会进行分娩，从袋中喷出后代。一位多产的海马爸爸曾生了1 572只小海马。

一个鱼类的工程杰作，雄性希望以这种极具辨识力的图案给雌性留下深刻的印象，如果雌性喜欢这个图案，它就会游到圆圈的中心。随后，我们的雄性艺术家会和雌性在圆圈中心会合，在那里轻轻咬着雌性的脸颊，同时它们都将配子释放到巢中进行交配。

大西洋鳕鱼在相互释放卵子和精子之前，会发出悠扬的鼓声，并且会相互爱抚，共同舞蹈，这一切在人类眼中都显得那么深情。石首鱼科中的所有生物（大约 300 种）因其独特的声音而为人所知，但其中最特别的要数加利福尼亚湾的海湾石首鱼，它们能够发出雷鸣般的歌声，声音如此之大，以至于数千米外都可以听到成千上万雄性聚集在一起发出的声音。

在深海的黑暗中，我们无法得知生物具体是如何寻找配偶的，但其中应该涉及声音、生物发光信号和特殊化学物质排放。关于深海鮟鱇鱼性别奥秘的线索已被一一地拼凑了起来。人们在雌性鮟鱇鱼的皮肤上发现了一个很小但是很奇怪的生长物，后来证明是雄性鮟鱇鱼与其配偶的组织完全融合。雄性有了稳定的食物来源，雌性也有充足的精子使卵子受精。

对于大多数生活在深海的生物，甚至红树林、岩石海岸和热带珊瑚礁中的生物，我们对其生命历程仍然了解甚少，但很明显的一点是，这些动物知道需要做什么、什么时候做以及如何做才能确保自己的种族延续下去。

潜 入 深 海

在游动中交配

对于速度极快的海豚来说，交配时雄性跟在雌性身后在游动中快速完成。有些生物的交配过程就比较复杂。雌雄同体的海兔是一种长着类似兔子耳朵的海蛞蝓，它们会在大叶藻床上参加社区的"爱情派对"。它们三个一组，形成一条交配链，以便前面的那只可以为了后面的那只而变为雌性。在数小时或数天的时间里，在信息素吸引力的催动下，海兔们可能会产生8 000万个受精卵。海马会连续交配8小时，其间雌雄海马会鼻子对着鼻子跳舞，同时身体也会改变颜色。雌海马会将卵子排入配偶的育儿袋，随后雄海马会使这些卵子受精，然后一直携带着这些受精卵，直到开始孵化。肛鱼是一种与有腔鹦鹉螺有远亲关系的生物，雌性肛鱼会形成一个薄如

上图：一条雌性肛鱼。

纸的碳酸钙外壳，每次交配时可容纳17万个受精卵，而其一生累积会容纳100万个受精卵。在这个壳中，体形只是雌性肛鱼的三十分之一的雄性肛鱼会将一条充满精子的臂状物分离出来，这个臂状物叫作交接腕。一旦雌性受精，雌性就会将雄性的交接腕和曾经交配过的雄性的交接腕一起储存起来，以备日后使用剩余的精子。随后，雄性便会死亡。雌性章鱼也是一位"蛇蝎美人"，受精的雌性章鱼会勒死并吃掉它的雄性伴侣。然后，像詹姆斯·邦德的剧情一样，雌性章鱼的身体开始通过一种细胞自杀的方式进行自我毁灭。等到下一代的章鱼孵化后，这些小章鱼也会重复其父辈的道路。

水中的运动能力

无论是爪子、鳍、鳍状肢、吸盘，还是适合喷射推进的精密管状物，生物在海洋中的运动都需要适应水的性质。海洋脊椎动物的附肢与陆生脊椎动物手臂和腿类似，不过它们已经发展成各种光滑的形式，加上柔软的身体，使它们能够更有效地在水中移动。数亿年前，海龟的四肢变成了鳍状肢，它们的身体比陆地上的同类呈现出更符合流体动力学的形状。世界上大约有 50 种海蛇，其中大多数都有扁平的桨状尾巴，它们一生中大部分时间都在水中度过，偶尔会浮出水面呼吸。海鬣蜥通过来回摆动肌肉发达的尾巴来推动身体在水中前进，它们的手臂和腿能够适应陆地行走，在水中则紧贴着身体，从而减少阻力。

两栖的北极熊有典型的熊一样的手臂和腿，但独特的空心毛发为它们提供了浮力和保暖，同时，它们超大的爪子具有更大的表面积，在游泳时也更方便。海豹、海象和海狮仍然拥有在陆地上活动的能力，但它们更喜欢在海洋中生活，在那里，它们的体型和强大的鳍状附肢"如鱼得水"。

在脊椎动物中，鱼类演化出了最多样化的海中生活方式。海马和尖嘴鱼的移动速度一般比较慢，主要通过它们的两个胸鳍来实现移动，它们的鳃位于头部两侧，游动时通过后背上的鳍和尾巴的摆动来调整方向。红娘鱼依靠它们多刺的、手指状的胸鳍游动。比目鱼通过摆动尾巴来获得前进的动力，抬起朝上的胸鳍来引导前进的方向。大多数鱼利用尾巴和身体的弯曲来提高速度，并根据需要使用鳍和刺。很多鱼类身上都布满了特殊的黏液，可以减少在水中的阻力，提高运动的效率。

上图：南美洲南部的帝王蟹在迁徙时每天在海底移动1.6千米。

右页上图：莱氏拟乌贼通过身体收缩在印度洋、太平洋水域中游动。

右页下图：带状海金环蛇用自己的桨状尾巴在热带太平洋沿岸游荡。

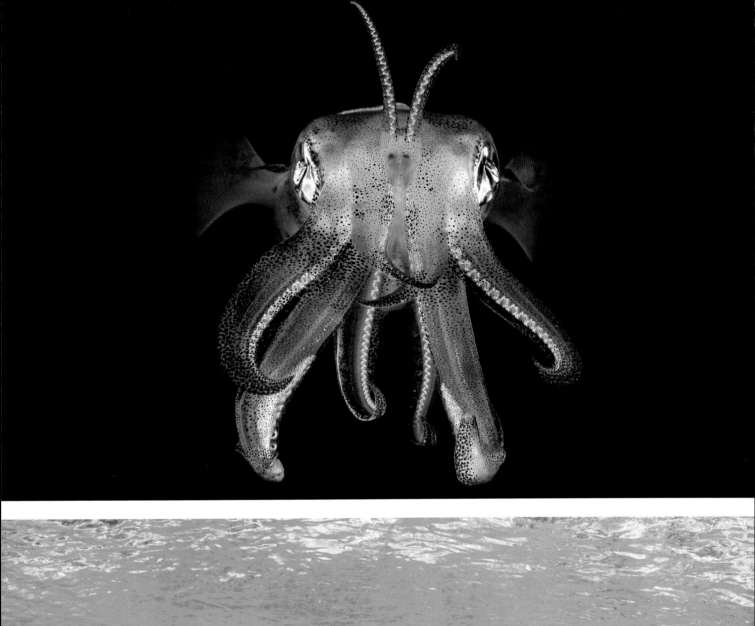

蓝鳍金枪鱼是海中速度极快的鱼之一，它全身光滑，身体呈标志性的流线型，这种身体构造可提高其移动的速度和效率。它最大的鳍可以缩进体内，身体顶部到底部的一排小舵状鳍可以切开通常会引起阻力的水流。靠近尾部的水平龙骨能够稳定身体，并增强机动性，同时能够最大限度地减少水的阻力。尾巴的来回摆动会产生漩涡，从而推动身体前进。

蜘蛛蟹、龙虾等很多甲壳动物会用它们的足行走，但梭子蟹的一些足的形状像桨一样。海胆和沙钱能用刺进行移动，如同近亲海星一样，它们身上的许多长管状的吸盘能够抓住光滑的表面，对海星来说，吸盘还可以将猎物扯烂。而海参通常被认为是行动迟缓的底栖生物，它们的外观和行为都让人联想到它们名字中的蔬菜[3]。然而，居住在深海中的海参，有的具有翼状的延伸部分，可以在海中滑翔。即使在那群紧贴在海底的海参中，也有海参可以让水注满自己的身体，从而浮在水中，这样便可以跟着洋流去往新的地方。

在无脊椎动物中，没有哪种动物能在头足类特殊的推进系统面前与之相提并论。鱿鱼因其高速反向喷射的能力而闻名，但它们也可以使用八只手臂和两条触手进行精确的操作。章鱼可以利用水力推进快速移动，也可以变形以挤过狭窄的地方或小心翼翼地缓慢地沿着海底爬行。甚至，有腔鹦鹉螺因其喷射推进效率而备受称赞。在激光和高速摄像机的镜头记录下，当鹦鹉螺吸入水并吐出时，它能够获得其转移到水中的能量的 30%—75%，并利用这部分能量进行移动。鱿鱼的移动效率在 40%—50%，而圆顶的水母会通过鼓起头部将水喷出，移动效率接近 50%。

现代的机动船舶已经经过了几百年的不断改善，即便如此，燃料中所含的能量只有 25%—35%能被有效地用于推进。设计人员也许应该参考起源于数亿年前的生物的移动系统。

右图：一只北极熊从它陆地上的家出发，用巨大的前爪以每小时 6 000 米的速度穿过北极水域，准备去捕猎海豹。

---

③ 海参叫"sea cucumber"，其中"cucumber"是黄瓜的意思。——译者注

海洋中的共生关系

生物学家大卫·柯克曾宣称，"很难说是否有一种活着的动物与哪怕一种其他的生命形式没有共生关系"。美国著名的演化生物学家林恩·马古利斯支持共生起源这一说法，即不同生物会通过合作以求生存。她认为，合作而非竞争一直是地球上生命能够存在的主要驱动因素。她曾提出，植物和动物细胞中的关键元素（包括叶绿体和线粒体）原来是独立的细菌，目前这一理论已被广泛接受，同时也强调了生命系统中协作的基本原则。细胞层面上的利益融合先于分子层面上的元素融合，并以不可阻挡的方式从细胞发展到细胞器，然后是器官、物种、群落、生态系统，最终到如今世界上相互依存的生物结构。

伙伴关系在海洋中无处不在。有些关系能给双方带来好处，即形成共生互惠关系，在一起比单独生活更好。造礁珊瑚与多种虫黄藻（生活在其组织内的微藻）之间的纽带为双方都带来了好处：藻类细胞拥有了一个住所和营养来源；珊瑚则获得了藻类光合作用产生的氧气以及其产生的营养物质。巨蛤、某些种类的海葵和海绵与极小的藻类有着相似的关系。

从为生活在海底热泉喷口附近的巨型须腕动物提供食物的细菌，到对牡蛎、鱼类、鲸的消化道（可能还包括所有有胃和肠的生物，包括人类）内分解和吸收营养至关重要的复杂微生物群落，小小的微生物和大大的多细胞宿主之间的这种联盟比比皆是。对人类来说，微生物细胞的数量和我们身体内其他细胞的数量的比例至少是100：1。没有它们，我们就无法存在，其他在身体内拥有微生物的生物也是如此。

很多深海动物的特殊器官内拥有能够进行生物发光的共生细菌，这些器官为微生物的繁衍提供了合适的环境。鮟鱇鱼将这些会发光的细菌放在专门的"诱饵"中，而它就在鮟鱇鱼张开的大嘴前。还有些鱼类的眼睛下方、腹部、身体两侧以及其他重要位置也会有寄居的生物发光细菌，这些细菌可以引诱或寻找猎物、吸引配偶或者迷惑捕食者，也可能有科学家尚未发现的其他用途。

有一些鱼会像排在"收银台"前的"顾客"一样，一条一条地排成一排，头朝下，尾巴朝上，鳃张开，嘴巴也张开，而一些颜色鲜艳的小鱼则迅速行动起来，咬掉这些鱼身上的寄生虫和撕裂的鱼

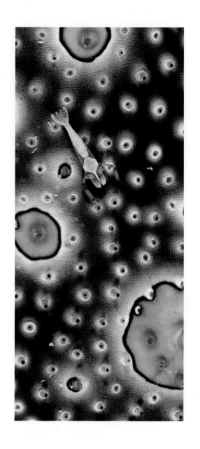

上图： 一只帝王虾在它的宿主蛇目白尼参的皮肤上活动。

右页图： 一只猩红色的清洁虾正在享用黄边海鳗的死皮和寄生虫。

鳞。这是一种"清洁行为"，也是一种互惠互利，一方提供了丰盛的美食，另一方则维护了对方的健康。清洁虾可以随便爬到海鳗那恐怖的牙齿之间，既能享用碎屑，也避免自己被捕食。几种手枪虾会与视力极佳的虾虎鱼共用洞穴，虾虎鱼会充当手枪虾的观察员，并在需要谨慎撤退的时候向手枪虾发出信号。

对于一些小海葵来说，它们唯一的家就在拳击蟹或细螯蟹的爪子里，双方都能从对方那里获得保护或获取食物。很多动物会因伪装获益，提供伪装地点的生物则可能拥有可移动的住所，比如海绵蟹、鲍鱼、皇后海螺、伪装蟹和寄居蟹等，它们"借来"的贝壳上会附有某种海葵。

偏利作用、偏利共生（区别于互利共生和原始合作）可以有利于一方而不伤害另一方。软体的豆蟹在幼体期进入牡蛎、海胆、海参、虫管或玻璃海绵体内生长可谓优势多多，它们在那里进食、交配并繁殖后代，生出来的浮游状态的幼体会再去寻找自己的新家。小螃蟹的存在似乎不会伤害它们的宿主，但也没带来什么好处。同样的，无论是生活在沙钱和心形海胆下面的小螃蟹，还是紧紧缠绕在软珊瑚和海绵上的海蛇尾，抑或为了搭便车附在海龟和鲸背上的藤壶，它们都没有带来任何回报。"胖旅店老板"（美洲刺螠）属于螠虫动物门，它们在柔软的泥沙中挖洞，为多达17种甲壳动物、环节动物甚至小鱼提供了家园。由于"租户"不会支付"租金"，"旅店老板"显然没有赚到什么，但它们确实开了家有趣的"旅店"。

当一种生物以牺牲另一种生物为代价而生存时，就会出现另一种关系——寄生。在海洋中，许多甲壳动物（包括桡足类、藤壶、等足目等）已经进化为依附在鱼类或其他宿主的鳃或皮肤上的外寄生物，通过咬或者吸来从宿主那里获得食物。从原生动物和扁虫到蛔虫，还有各种奇怪的藤壶，内寄生物也有很多形态，它们通常生活在其他动物器官和组织内。成功寄生体内的寄生物一般都不会致命，因为如果宿主死亡，寄生物也会死亡。但它们会降低宿主的活力，使其更容易受到压力、疾病，因此也增加了宿主被捕食的风险。

从个体之间的联系，到群体的聚集，再到生态系统，最后到整个地球，所有生物似乎都以某种方式依赖于其他生物的存在，并且所有多细胞生物都离不开微生物的存在。当我们试图单独挑选出任何一种生物时，我们会发现它与宇宙中的其他一切事物都息息相关。

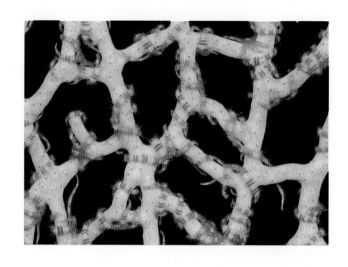

上图：海蛇尾正缠绕着它的宿主柳珊瑚。

右页图：在印度洋-太平洋水域中，一条脊颊小丑鱼正在灯泡海葵的环绕中提防着捕食者，它对灯泡海葵的蜇伤免疫。

伟大的探索

国际海洋生物普查计划

国际海洋生物普查计划于 2000 年发起，其目的是希望记录所有的海洋生物。在接下来的 10 年中，来自 80 个国家的约 2 700 名科学家，或在船上，或在潜水器上，或通过水肺潜水，或使用卫星图像，从太平洋中部海底热泉喷口到南极冰架沿岸水域中收集了关于动物栖息地及动物的数据，以此确定：1.过去哪些生物住在海洋中；2.现在哪些生物住在那里；3.未来哪些生物会居住在那里。他们还估计了每个物种的数量，以及这些数字如何随时间变化而变化，同时包括人类在其中扮演了什么角色，还有我们如何扭转人类造成的损害以确保海洋健康的未来。

下图：这种深水虾类（甲壳动物）的幼体是在一次海洋生物普查考察中发现的。

上图：缅因湾的美杜莎水母挥舞着令生物刺痛的触手捕捉猎物。

右图：大西洋中脊海底黑烟囱排放的矿物质能够维持管虫、海葵和虾的生存。

海洋生物普查的发现使人们对海洋有了更多的了解和尊重。人们怎么能不敬畏那些生物呢？比如原本认为侏罗纪虾已经灭绝了5 000万年，但后来在澳大利亚附近珊瑚海的水下山峰上发现了它们壮大的群落；1升海水中生活着38 000种微生物；在新泽西的海岸聚集着和曼哈顿区面积一样大的鱼群；凭借惊人的耐力，灰鹱每年绕地球迁徙7万千米，通常每天飞行1 000千米。

海洋生物普查计划及其合作伙伴，希望通过生物追踪和记录系统来促进全球合作。世界上也出现了很多新技术，包括快速识别物种的基因条形码、可以获取栖息地和生物行为实时视图的电子标记，以及可公开访问的海洋生物地理信息系统（OBIS，这是世界上最大的海洋生物数据库）。

在过去的10年中，海洋生物普查计划正式确定了1 200个新物种，并记录了另外5 000个物种的信息。2010年，海洋生物普查计划正式结束，其实它的工作才刚刚开始。据估计，可能有多达1 000万种海洋物种需要识别，现在由联合国教科文组织的海洋数据和信息交流中心运营的海洋生物地理信息系统以及其他重要的海洋生物数据库正在快速发展。到2021年，其中收录的物种数量已达到近14万种。

时间线

值得赞颂的海洋生物普查

1996年：弗雷德·格拉斯尔和杰西·奥苏贝尔开始构思海洋生物普查计划。

2002年：海洋生物普查计划开始使用以下这些示例条目构建海洋生物地理信息系统的电子数据库：

·雪人蟹，2 133千米深，复活节岛；

·环礁水母，日本，通过生物发光发出"尖叫"寻求帮助；

·鲍勃马利蠕虫，加勒比海，以其"长发绺"触手而得名；

·四眼鱼，南美洲，能同时看到海平面之上和之下；

·侏罗纪虾，新喀里多尼亚珊瑚海，5 000万年前化石现存的近亲；

·有记录的最深底栖栉水母，琉球海沟，6 000米深；

·已知最热、最深的黑烟囱（一种海底热泉喷口），大西洋的阿森松岛，到处都是虾、蛤蜊和细菌；

·南极洲威德尔海冰700米以下的甲壳动物、水母和单细胞生物；

·世界四分之一海洋中都有分布的多光蜇鱼，被科学家称为深海的"普通人"……

2010年：海洋生物普查计划正式结束，生物百科全书开始上传90 000页的物种。

2021年：海洋生物地理信息系统拥有约6 500万条地理参考记录可供即时访问，并已收录了约14万个物种。

第五章

丰富的海岸生物

coastal sea life

或是海水在海岸沼泽附近轻轻荡漾，或是海浪汹涌澎湃地冲击着岩石峭壁，总之，在陆地和海洋的交汇处，海洋的动力正在发挥着作用。全球有漫长的海岸线，在任何一处生活都意味着，唯一可以确定的便是不确定性。海水不稳定是常态，潮汐、波浪和风暴都深刻影响了海岸生物视为家园的地方。生物必须适应温度、潮汐和周期性干旱的变化。从高潮线到大陆和岛屿周围被淹没的陆地边缘，近海海洋生物也受到陆地性质和河流淡水流量的影响。

在河口和地下水从陆地通过地下渠道渗入海洋的地方，想要适应这些地方的盐度变化是一种挑战。在全球范围内，约165条主要河流和数万条支流和溪流将淡水、沉积物和其他物质从陆地带入大海，在那里出现了地形复杂的沼泽和面积广阔的三角洲，也成了陆地和海洋野生动物的觅食区和繁殖区。海鸟聚集在这里，在这个潮间带生物的"大都市"中尽情享用美食，因为每立方米肥沃的泥土和沙地中，都有数以万计的小型多毛类蠕虫、甲壳动物、软体动物等生物。

上图：一条黄貂鱼在大开曼群岛清澈的海水中畅游。

右图：在智利圣安布罗西奥岛附近的沿海水域，一只海星与其棘皮动物的近亲海胆共享一方空间。

第158—159页图：壮年的象海豹长可达4米，重可达2吨。它们通过充气长鼻发出威胁的声音，图中的两只正在北太平洋海岸争夺繁殖权。

人类与海岸

如果从太空俯瞰地球，那么在大陆和岛屿的边缘，也就是陆地和海洋交汇的地方，可以清楚地看到人类在改变地理环境上发挥的作用。如果可以将当前的海岸线叠加到 1000 年前的海岸线之上，那么我们会发现，在人类出现的地方几乎都可以看到显著的变化。在过去的 100 年里，特别是自 20 世纪 50 年代以来，世界上大约一半的沿海森林、沼泽地、海草草场和珊瑚礁已被人类破坏，并改造成了适合人类需求的样子。它们被开采沙子、海上钻井作业、污染、水产养殖、破坏性捕鱼和航运活动所取代。由于目前全球 90% 的贸易货物通过海运进行，港口城市因此迅速扩张以容纳大型船舶，并为商业发展建造了相关设施。近几十年来，世界范围内各国用于军事目的的港口也显著增加。

挪威仍有一些天然峡湾，鲱鱼会季节性地聚集在这些地方，引得海鸟、海豚、逆戟鲸以及其他鲸前来觅食。但从 20 世纪 70 年代开始，挪威、智利和新西兰的部分峡湾，以及美国、英国、加拿大、澳大利亚和俄罗斯的沿海海湾已被改建为养鱼场，主要用于养殖大量的大西洋鲑鱼，这是一种人工驯养的物种。野生的大西洋鲑鱼在海上生活多年后会返回北美和欧洲的特定河流上游产卵，有时还会反复产卵。就像农业发展使森林面积减少一样，大面积的鲑鱼养殖取代并破坏了原本的生态系统。

上图：附着在珊瑚上的海葵被称为"海洋之花"，在海岸边的岩石上经常可以看到它们的身影。

右页图：流入挪威峡湾河流的海水为海洋生物提供庇护，在某些地方也会有深海珊瑚。

同样，亚洲、美洲包括美国墨西哥湾部分地区的大面积红树林和沼泽被改造成了浅水池，其中养殖的各种虾会出口到近几十年来发展起来的全球市场。全球约有一半的红树林已因农业或其他用途而消失，但自从认识到红树林的重要性后，人们开始在全球推动保护和恢复红树林的项目。斯里兰卡的海岸曾在 2004 年受到印度洋海啸的严重影响，它也成了第一个全面保护其所有红树林的国家。

世界上最大的三角洲是恒河–布拉马普特拉河三角洲（恒河三角洲），由印度和孟加拉国孟加拉湾的潮汐涨落形成。这里的湿地一片生机勃勃，拥有数十种红树林和其他植物群落，还有包括贝类、咸水鳄鱼和濒临灭绝的丽龟在内的海洋生物。这里也是一个土地肥沃

的农业区，不过，这里的人和野生动物很容易遭受洪水的侵袭，同时，人类对沿海湿地的开发给环境造成的压力也越来越大。1960 年，在埃及建造的阿斯旺大坝缓解了尼罗河三角洲的每年洪水造成的威胁，但也导致了河岸的淤泥和养分流失，并造成尼罗河流入地中海地区的三角洲明显缩小。

　　加利福尼亚湾上游的三角洲和河口的萎缩则更为剧烈。数千年来，科罗拉多河将淡水和营养丰富的淤泥带入大海，用雅克·库斯托的话来说，"这为世界水族馆提供了食物来源"。加利福尼亚湾是 900 多种鱼类、数千种无脊椎动物以及 33 种海豚和鲸的家园，其中既有最小的鲸类动物小头鼠海豚，也有有史以来最大的动物——蓝鲸。现在，科罗拉多河的终点距离它曾经注入墨西哥湾的地方只有几千米了。

上图：每年都有大量的游客前往巴西的累西腓等海滩度假。

右页上图：小海雀是角嘴海雀的近亲，在挪威的岩石海岸，为了捕食海洋浮游生物和甲壳动物，它们蜂拥而至，随后在岸边筑巢。

右页下图：虾、蟹和牡蛎在密西西比三角洲水域繁衍生息，这里也是各种海鸟的家园。

物种丰富的沿海栖息地

翠绿的红树林和盐沼点缀着热带和暖温带海岸。从温暖的热带到凉爽的温带地区，超过 60 种海草在约 30 米深的沿海地区繁衍生息。浮游植物和底栖藻类则能到达更深的地方，它们使用特殊的色素来捕捉微弱的阳光，200 米以下的深度也能通过光合作用获取能量。

即使在极地地区，依然有足够的阳光穿透冰架和寒冷的水域来支持海草完成光合作用，因而那里也会出现丰富的生物群落。大量的硅藻和其他微生物生长在浮冰的下面以及周围的水中，它们的数量异常庞大，以至于海水有时会变成草地的颜色。甲壳动物成群结队地以藻类等微生物为食，然后又会变成鱼类的食物，而鱼类再被其他动物吃掉。

北半球和南半球冷温带海岸的广阔海域中，海藻森林起到了陆地上常绿森林的作用。加利福尼亚州巨大的沿海红杉树的高度可能超过 100 米，寿命能超过 1 000 岁，是生长速度最快的针叶树。但就生长速度而言，没有任何陆地植物能与"海中红杉"——巨藻相提并论。在合适的条件下，这种海带每天可以长高 30 多厘米。虽然单个的巨藻也许能达到沿海红杉树的高度，但只能在原地生长几年的时间，并且会在一季而不是几个世纪内被其他巨藻取代。巨藻广泛分布于北美洲和南美洲的西海岸，达尔文在火地岛的岩石海岸沿线发现，巨藻能对波浪起到缓冲的作用。

牡蛎虽然不起眼，但是数量多起来也可以在风暴中保护海岸，从而保护一个丰饶的沿海珊瑚礁栖息地。20 世纪之前，数十亿只美洲牡蛎（也叫东部牡蛎）在纽约港形成了一座巨大的海上山丘，甚至威胁到了正常的航行。到 2000 年，纽约所有的牡蛎几乎都因污染或食用而消失。因此这里的人们正在试图恢复美洲牡蛎的数量。将数以千计的牡蛎重新引入纽约湾的合适地点有助于珊瑚礁的自我修复。之所以要在纽约恢复牡蛎的数量，不仅是因为牡蛎是一种美味的食物，还因为它们能够过滤大量不太纯净的水。因此，人类与沿海环境中软体动物之间是有可能建立起合作关系的。

上图：澳大利亚金伯利海岸是一个受保护的海洋公园，进潮口处整齐排布着红树林。

右页图：在古巴的海岸，红树林的根部成为勒银河鱼的家园。

深海中的远古恐龙

2019年，当古生物学家最终从南极洲南大洋的一个岛屿上移走了薄片龙（Elasmosaurus，一种古老的水生爬行动物）的完整骨架时，他们为古代海洋中的生命之谜又增添了近13吨的碎片。当恐龙在白垩纪时期在陆地上行走时，蛇颈龙爬行动物家族的薄片龙与其他爬行动物沧龙（Mosasaurus）和鱼龙（Ichthyosaurus）以及其他古老的海洋生物一起在海中游动，有时也以这些生物为食。至于它的样子，你可以想象一只胖乎乎的海牛的身体，配上长颈鹿般的脖子，顶上有个蛇形的头，身下有四个带蹼的鳍状肢干推动，还有长长的能够刺穿猎物的牙齿。现在再来想象一下，它的长度大约是一辆校车那么长。作为白垩纪最大的海洋生物，薄片龙需要大量猎食其他海洋生物才能生存。这些细节让古生物学家将白垩纪时期的海洋描绘成了一个充满活力、生物种类丰富的生态系统，直到大灭绝（可能是一颗偏离轨道的小行星撞击了地球）终结了这个时期。蛇颈龙中还包括拥有鳄鱼头的诺索龙（Nothosaurus）和12米长的神河龙（Styxosaurus，颈部就有6米长），而和这些同类一样，薄片龙可能也猎食像海豚一样的鱼龙；3米长的原盖龟（Protostega）是有史以来最大的海龟之一；拥有利剑一般的牙齿的矛齿鱼（Enchodus）；大型鲨鱼角鳞鲨（Squalicorax）；还有拥有帆一样的鳍，喜欢咬碎软体动物的班纳博格米努斯鱼（Bananogmius）。最后，那只南极薄片龙也许是死于一只凶猛的沧龙之手，或者它可能成为一颗从远古天空坠落的炽热小行星的牺牲品。

智利的峡湾和岛屿

智利的海岸线长达 6400千米，其中曲折不平的峡湾和近海岛屿仿佛构成了一座迷宫。鲸、海豚、海豹等海洋哺乳动物在海岸边繁衍生息，这里的峡湾也是独特的鱼类、珊瑚、海绵等动物的家园。

本页图：在智利的峡湾里，一只筐蛇尾在用花边状的手臂觅食。

雕刻海岸

英国多佛尔海峡高耸的白垩质峭壁记录着地球的历史。单细胞浮游球石藻和其他带壳的微生物是白垩沉积物的主要成分，这些沉积物支撑着北欧海岸和世界各地的石灰岩地层。

火山岩、砂岩，甚至花岗岩在风和水的作用下，在全球沿海地区形成了悬崖、岩柱和拱门。在科隆群岛，达尔文拱门[④]和冲击石是火山活动产生的标志性景观，在海面之上，这些景观为海鸟提供了栖息地，而在海底深处，它们也为海洋生物提供了家园。火山喷发为海洋岛屿和崎岖的海岸线的形成奠定了基础。壮观的巨人岬位于北爱尔兰北部海岸，由大约 40 000 根火山物质冷却形成的紧密玄武岩柱组成，仿佛通向大海的一级级雕刻精美的台阶。事实上，由于风和海水的持续侵蚀，岩石本身正在逐渐变成黑色的沙子。

就像沙漠中的沙丘一样，沿海的沙丘在风的作用下改变形状并且移动了位置，形成了不稳定的斜坡，像波纹一样连绵起伏。包括海燕麦、沙滩草、蒺藜草、在地面蜿蜒的牵牛花藤蔓和其他生长在沙丘的植物在内，一些植被能够固定水土，因此沿海沙丘也可以抵抗无情的狂风，至少能够抵抗一段时间。风暴和狂风最终会侵蚀这些很难长久存在的沙丘，沙子被带到了新的地方，形成离岸沙洲，并在数千米外形成新的沙滩。

在陆地和海洋间穿梭的动物已经发展出了灵活的生存策略，它们完全适应周围环境的变化节奏，包括周期性的强风、异常的涨潮和风暴潮。从穴居的沙蟹到在海滩产卵的鱼，如加利福尼亚的银汉鱼，很多动物的繁殖周期已经适应了潮汐和季节规律，并且可以经受住偶尔的大风和微风，或是海水的高潮和低潮。

在海岸生活的人类也获得了经验，那就是不要在沙滩或沙丘上建造建筑物，不仅因为在这种天然形成的不稳定的地方建造居所是一种很愚蠢的行为，还因为人们要懂得尊重沙滩和沙丘所提供的重要保护。在保持了天然沙丘和海滩完整性的地方，即使经历大风暴，岸边的房屋也能安然无恙。

---

④ 2021年5月17日，达尔文拱门因自然侵蚀坍塌。——译者注

上图： 位于北爱尔兰的巨人岬入选了联合国教科文组织世界遗产名录，据传说，这里是由巨人建造的，但这个地方其实是由6 000万年前的火山活动形成的。

大陆架：边缘处的生机

如果排干海洋中的水，我们会清楚地看到，海岸边的高崖一直到海洋深处都是这种陡峭的状态。同样可以清楚地看到，在大多数大陆和岛屿的边缘，地形从海岸逐渐倾斜到大约 200 米深的断层，然后会有一个巨大的坡度，一直延伸到深海中。大陆架是陆地的延伸，1.8 万年前最后一个冰期高峰造成了全球海平面上升，随着时间的推移，大部分或全部大陆架都已被淹没。在加利福尼亚海岸的部分地区，大陆架的宽度不到 1 千米，然而，西伯利亚的大陆架向海延伸了近 1300 千米。在全球范围内，大陆架的平均宽度为 65 千米，其中大部分曾经是陆地。

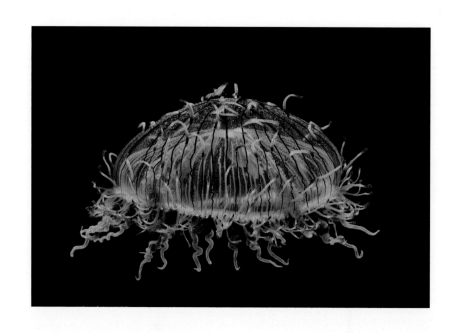

漂浮在大陆架区域上方水体中的生命依靠阳光进行光合作用，由于大陆架相对较浅（平均深度 150 米），阳光可以照射进来，因此附着在大陆架上的大面积的植被也能够茁壮成长。在水下约 30 米处，包含 70 种左右海草的广阔草场为多种鱼类和无脊椎动物提供了食物和住所，这里也是海龟、儒艮和海牛的天然牧场。底栖藻类生长的位置更深，在深度超过 100 米的海底，红色藻类结节四处遍布。一些藻类在 250 米以下的深度也能正常生长。

现在，很多陡峭的峡谷横贯在大陆架上，这是因为冰期的海平面比现在低得多，所以古老河口受到了侵蚀。几千年来，生活在如今加利福尼亚州中部的人们对东部的山脉、西部靠近海岸的沼泽、海草和海藻森林，以及生活在那里的海獭、鲍鱼、鲸、数量庞大的沙丁鱼群和鱿鱼群都了如指掌。然而，直到 20 世纪，人们才发现距离加利福尼亚海岸仅几千米的蒙特雷海底峡谷，它比亚利桑那州的大峡谷更陡、更深。最近，在峡谷边缘和数百米下的巨大裂缝中，人们终于观察到峡谷内由海蛇尾、深海珊瑚、海绵、海百合和虾组成的"挂毯"。

上图：一种花帽水母在太平洋深水中游动。

右页图：世界上最大的鱼类——温和的鲸鲨在科隆群岛的水域游弋，旁边有数百条尖胸隆头鱼。

喜热的珊瑚礁

珊瑚礁像蛋白石一样闪闪发光，分布在地球中部的温暖浅水区，它在历史上一直让人类感到困惑。由于许多珊瑚的外观色彩鲜艳，结构紧密且类似植物的样子，人们曾经将珊瑚视为"植形动物"（现代生物学已不再使用此名词）。有的珊瑚是直立的树状，有的是蘑菇的形状，还有的像块状的土丘，无论什么样子，单个珊瑚虫的群落都像是石质基质中的小海葵。直到 18 世纪，威廉·赫歇尔才使用早期的显微镜验证了珊瑚作为动物的特质。20 世纪，科学家们使用先进的显微镜和严谨的实验方法确定，浅水造礁珊瑚事实上在与能进行光合作用的微生物密切合作。虽然大多数珊瑚使用触手来捕捉浮游生物，但它们实际上是精心排布的动物-植物-矿物的组合。

很多浅水珊瑚、海葵，某些软体动物和海绵与相互依存于其中的生物（称为内共生体）之间在营养和氧气方面存在着密切的联系。这种关系如此密切，以至于如果藻类伙伴（统称为虫黄藻）消失，其宿主通常会死亡。温度或盐度的长期变化或者光线和水质的变化可能是导致虫黄藻死亡，进而导致珊瑚褪色的因素，造成的结果是珊瑚白化——活珊瑚呈雪白色，这是一种越来越普遍的现象，这背后与全球海水温度升高有着密切的关系。

1836 年，达尔文乘坐"小猎犬号"（H.M.S. Beagle）勘测船进行环球航行时，他花了 12 天时间探索科科斯（基林）群岛的珊瑚礁和环礁。在那里，达尔文找到了支持他观点的证据，即火山岛的逐渐下沉将导致边缘礁、堡礁和珊瑚环礁的逐渐形成。后来在太平洋环礁上的深钻作业证实了他的想法，因为人们在珊瑚生长层以下数百到数千米的地方发现了火山岩。然而，还是出现了一些变化，比

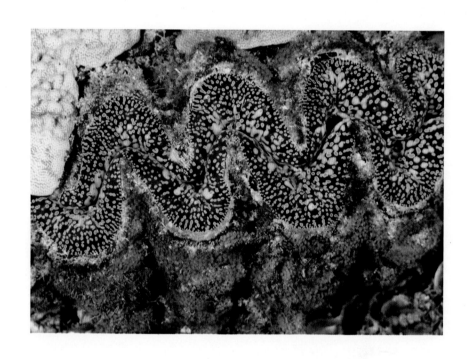

上图：在太平洋尼库马罗罗岛附近，珊瑚礁被一只巨大的蛤蜊霸占，就如同镶嵌了一颗宝石。

右页图：斐济被雅克·库斯托称为"世界软珊瑚之都"，其温暖的水域中，拥有约80种珊瑚。

如一些珊瑚礁的生长速度与海平面的上升速度持平甚至更快，从花岗岩到沉船的残骸，甚至在玻璃瓶和啤酒罐上，都有珊瑚生长。

珊瑚以这样或那样的形式在地球存在了至少 5 亿年，其中造礁珊瑚出现在 4 亿多年前的化石中。物种总会诞生或灭亡，但无论哪个时代，珊瑚和珊瑚礁系统一直存在，历史上也出现过它们几乎要灭绝的时候，但当有利条件出现时，它们就能再度繁盛起来。对于大多数造礁珊瑚而言，有利条件即水深约 50 米、海水清澈、阳光充足、温度 18—28℃、盐度在 30‰—35‰、pH 值高于 7.6。在更广泛的数值波动和不同含量的养分和沉积物中，有些珊瑚可以正常生长，甚至以更快的速度生长。最近人们在远离沿海水域的地方发现了一种冷水珊瑚，它可以在深达 6 000 米、温度低至 4℃ 的海中茁壮成长。

对于那些经常被忽视但作用却极其重要的钙质红藻和绿藻来说，温水珊瑚礁生长所需的条件也同样适用于它们，而且这些藻类可能影响着珊瑚礁的碳酸盐结构。有些藻类给岩石"铺上"粉红色；有的则为珊瑚贡献了深红色或粉红色的外壳，或者形成了小的、含有石灰的直立分支。大约 35 种钙质绿藻属藻类，它们的数量非常之大，以至于某些珊瑚礁区域的沙子主要由它们的外壳构成。这些藻类对碳酸钙生产的总体贡献可能超过热带海域的珊瑚。

有利条件还需要珊瑚礁生态系统的不同组成部分基本完整无缺。在大堡礁中，除了水中的微型浮游生物外，这个生态系统中还有 600 多种珊瑚、23 种爬行动物（包括 6 种海龟）、215 种鸟类、30 多种海洋哺乳动物、至少 1 500 种骨鱼类、134 种鲨鱼和鳐鱼、至少 800 种棘皮动物、3 000 种软体动物以及 5 000 种左右的海绵。其他 30 多种动物门的生物，以及至少 500 种藻类、39 种红树林和 15 种海草也生活在这里。这还不算那里的细菌、古菌和其他微生物，但可以坦白地说，这个多样化种群中的每个成员都参与其中，使珊瑚礁能够作为一个完整的生态系统发挥作用。

地球数亿年来形成了各种要素，包括营养关系、生活周期、空间分配、食物网、捕食者与被捕食者的相互作用、合作行为、声景和化学信号在内，以及很多对于珊瑚礁生态系统的健康来说很微妙但极其重要的条件，都因人类活动而迅速瓦解。

上图：温度升高和逐渐酸化破坏了澳大利亚大堡礁曾经健康的鹿角珊瑚。

右页图：澳大利亚大堡礁被联合国教科文组织列为世界遗产，其中约有 2 500 个独立的珊瑚礁，共生活着大约 1 500 种鱼类。

伟大的探索

描绘
珊瑚礁

下图：就像特意为摄影师摆姿势一样，红雀鱼在柳珊瑚的映衬下闪闪发光。

1899 年，生物学家路易斯·布坦在法国西南部附近的珊瑚床上放置了一个标志，并按下了带有保护罩的相机的快门。标志上写着"水下摄影"。这张黑白相间的照片是第一张拍摄珊瑚礁的照片，为此后100 多年的珊瑚礁探索奠定了基础。

1926 年，《国家地理》杂志刊登了查尔斯·马丁和佛罗里达州干龟群岛的鱼类学家威廉·H.朗利拍摄的第一张珊瑚礁生物的彩色照片——一条猪鱼。随后，水下拍照技术逐渐发展起来，出现了更多的相机保护外壳、更快的胶卷和更好的照明设备。

奥地利科学家汉斯·哈斯于 1940 年在加勒比海库拉索岛附近拍摄了一部 15 分钟的黑白影片，捕捉到了一个包含脑珊瑚、海龟和鲨

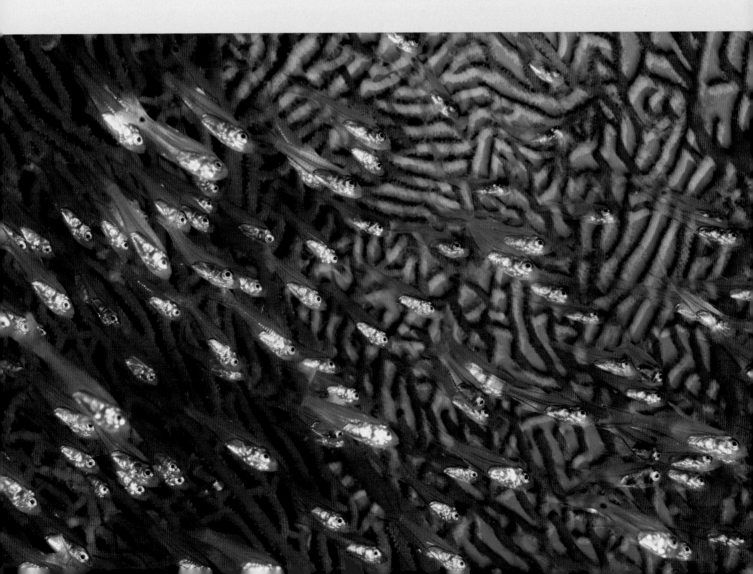

上图：摄影师在水下记录了一片曾经长满珊瑚的地区。

右图：路易斯·马登与雅克·库斯托一起潜水，拍摄了蝴蝶鱼在珊瑚上觅食的照片。

鱼的群落。到 1950 年，哈斯开发了电子闪光灯和保护壳，这样可以拍摄出清晰的图像。四年后，在加勒比海，他用他开发的立体摄影机拍摄了他的妻子在珊瑚礁生态系统中游动的三维影像。

　　20 世纪 50 年代中期，利用水下摄影技术，雅克·库斯托的水下冒险经历被记录下来。珊瑚礁群落及其巨大的生物宝库得以呈现在大众面前。于是，游客、潜水员以及为了商业利益的渔民纷纷效仿这种水下探险。不过，还有支持珊瑚礁保护的科学家和相关公民也在行动。

　　从那时起，人们正式开启了珊瑚礁摄影的新世界。20 世纪 70 年代，利用深潜彩色相机，摄影师们能够在水下拍摄到更多的内容，包括海底热泉的生物群落、各种海难遗址以及无数独特的海域生物。在这一时期，海洋生态学家们也可以通过光谱法（测量活体发出的光）监测珊瑚礁的健康状况，并借助美国国家航空航天局的地球资源卫星图像确定出现问题的地区。

　　如今，清晰的数字图像唤起了更多人对于海洋的认识、关注和行动。在先进的摄影技术支持下，人们能更清晰地记录珊瑚的特征，这些生动的细节也唤起了大众对于珊瑚礁困境的担忧。

时间线

海洋摄影里程碑

　　1899年：法国海洋生物学家路易斯·布坦首次拍摄到清晰的珊瑚礁图像。

　　1937年：麻省理工学院的哈罗德·埃杰顿成功设计了第一台用于水下研究的相机；后来他与雅克·库斯托展开合作。

　　1939—1954年：汉斯·哈斯使水下摄影技术实现了飞跃：他开发了立体摄影机，可拍摄珊瑚礁的三维图像。

　　1942年：雅克·库斯托制作了电影《18米深处》（*18 Meters Deep*）。

　　1956年：摄影师路易斯·马登在"卡利普索号"（Calypso）上记录了雅克·库斯托在水下的探险，这是迄今为止最大的水下照片档案（共1 200张图片）。

　　20世纪60年代：摄影师贝茨·里图海尔斯使用"海洋之眼"（OceanEye）有机玻璃相机外壳增强了珊瑚礁摄影的效果。

　　20世纪70—90年代：摄影师埃默里·克里斯托夫用自己设计的深潜相机拍摄了海底热泉的生物群落和各种海难遗址，包括沉没的"泰坦尼克号"以及无数生物。

　　2008年：史密森尼与其他机构一起推出了在线生物百科全书，对地球上所有物种的照片进行编目；《国家地理》的恩里克·萨拉推出了"原始海洋"摄影档案。

　　2009年：西尔维娅·厄尔的"蓝色使命"确立了希望点，并与环境系统研究所合作建立了图像档案和数据库，以这种方式讲述海洋的故事、追踪海洋的变化。

　　2020年：摄影师大卫·杜比勒特和詹妮弗·海耶斯发起了全球珊瑚礁健康基线调查。

第六章

众多的远海生物

open ocean life

远海是地球上极其辽阔的区域，也是原生态、人类极少涉足的地方。远海指的是岛屿和大陆沿岸以外的广阔水域，也被称为远洋带，这个称呼源自希腊语的一个单词"pelagikos"，意思是"大海"或"海洋"。在政治上，远海包括公海，也就是沿海国家拥有的专属经济区以外的海洋。从微生物到鲸，地球上的大部分生物都不生活在海底或沿海地带，而是生活在地球上那大片的远海之中。

当水手在风平浪静的日子里穿越远海时，可能会看到海天一线，光滑的水面中倒映着云彩的景象，海龟在水面上自由滑行，仿佛它们不是在海上，而是在林地的池塘中一样。在这种时候，紫色海蜗牛可能会在它们的泡泡浮囊中航行，而成群的船蛸可能会随着它们珍贵的受精卵而摆动。没有人知道，当风向转变，海面上掀起高达数十米的巨浪时，这些远洋中的航海者会发生什么。水手们都经历过这样的日子。对于一些人来说，狂风暴雨中的大海给他们留下了深刻的印象，也很可能是他们最后的记忆。

寻找消失在茫茫大海中的著名船只对于科学家们来说有着特殊的意义。有些船是在风暴中被大海吞没，而有一些船，比如"泰坦尼克号"，是撞上了巨大的冰山而沉没的。随着科技的发展，导航的精度越来越高，人们也能越发准确地预测天气，珊瑚礁、地下山峰和冰山也以更加完整的图像出现在人们面前，因此，海面上的航行比以往任何时候都更加安全——至少对人类而言是这样。现在，世界上90%的货物都是由5.3万多艘商船在海上运输，这些商船连同460万艘渔船、数百万艘休闲船只、1万多艘超级游艇以及数千艘海军舰艇和潜艇一起在海洋上纵横交错。所以，每年预计有数百艘船只沉入大海也就不令人那么惊讶了。

右图：一艘货船在波涛汹涌的远海中航行，这是地球上最深、最神秘的地方，也是地球上大部分生物的家园。

第180—181页图：在墨西哥尤卡坦半岛的水域中，一条旗鱼在一群沙丁鱼旁边游动。

潜入远海深处

海洋中的任何条件都不是恒定不变的。无论是在水平线上还是垂直线上，海水的温度、盐度、透明度以及化学成分会不断发生变化，而这种变化取决于洋流、天气、季节以及各种生物在水体内移动时带来的变化。人类越来越多地在海洋中进行许多活动，同时也制造了很多噪声，在将数十亿吨非自然物质排入海洋的同时，又从海洋中开采了数十亿吨石油、天然气、矿物并且捕获了大量的野生动物，从而破坏了自然规律和生物的分布。数千年来，由于人类的影响，陆地系统的自然分带发生了变化，但海洋中的大部分变化发生在1800年之后。尽管如此，我们依然要关注传统上公认的具有远海环境特征的区域。

透光带或上层带（海面至水下200米）： 阳光是光合作用的条件之一，能够照射到水下200米的深度，这一片区域通常称为透光带。随着深度的增加，光线的强度会迅速减弱。红光在空气中传播最远，但在海洋中却是传播距离最近的光。在水下20米左右，红光和黄光消失，绿光和蓝光则能穿透到深处。光量的变化取决于海面的平静程度、季节、一天中的不同时间、云量以及浮游生物和其他漂浮物体的数量。即使是阳光大好的一天，在成群结队的鱼群或一艘大船的船体之下，海中也像是深夜一般。金枪鱼、鲨鱼和鲸通常在这一地带活动，它们能借助海流运动，而海流又能带着其他的海洋漂流动物去往更远的地方。

暮色带或中层带（200—1000米）： 通常认为水下200—1000米深度之间的地方难以发生光合作用，但有许多记录表明，绿藻和红藻生活在200米以下的地方。1872—1876年，"挑战者号"

重要事件

鱼类的秘密

与包括人类在内的其他脊椎动物一样，鱼已经发展出惊人的社会行为，包括团结协作、精心求偶、亲代抚育、使用工具、解决问题，以及可以代代相传的学习行为。

一条石斑鱼在一个网状陷阱前来回游动，网里面有饵食，但开口太小，石斑鱼抓不住。经过几分钟的沉思后，这条鱼侧身，用尾巴摆动带起的水流将饵食扫到它可以够到的地方。重复了几次之后，它一点一点吃完了饵食。也就是说，一条鱼，使用水作为工具，成功解决了问题。

一些鱼，特别是旗鱼，会成群地进行捕猎和觅食。红海绯鲤在联合狩猎中展现惊人的稳定关系，并且每只绯鲤都有独特的面部条纹。蝠鲼形成了类似"友谊"的持久性联系。像许多其他脊椎动物一样，海马和蝴蝶鱼伴侣会相守终生，至少有70种鱼类是"一夫一妻制"。

左图： 长吻真海豚捕食沙丁鱼和其他小鱼。

右页上图： 逆戟鲸在冬天来到挪威的安德峡湾水域享用鲱鱼，它们用尾巴拍打着海水，发出巨大的声音。

右页下图： 在南大洋深处，一只美杜莎水母正在向前游动。

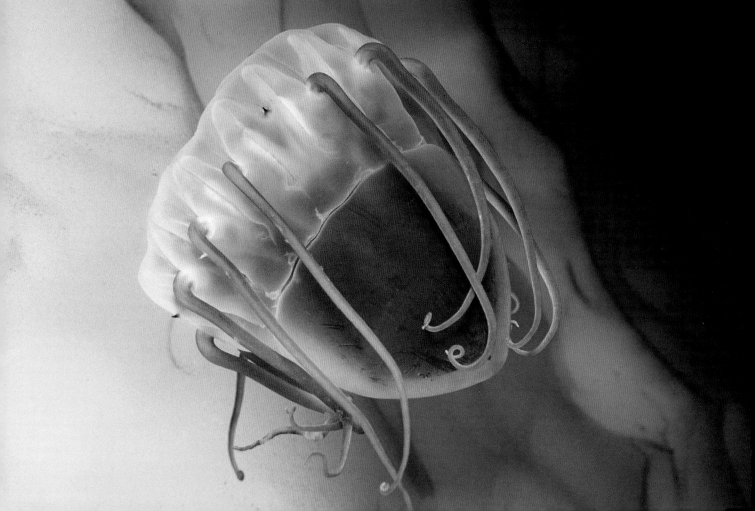

在航行的过程中，用部署在中层带的细网捕捉到了很多见所未见的鱼，这些鱼大多是黑色的，长有各种器官，以生物发光的方式发射出怪异的蓝光。

午夜带或深层带（1 000—4 000 米）： 1 000—4 000 米深的地方是深邃、黑暗的海洋中心，这部分区域在很大程度上仍处于未被探索的状态，但我们已经知道有无数动物在此处居住。一旦被从海中打捞出来，凝胶状的生物会开始溶解，长而脆弱的腿和触角会弯曲；鱿鱼、鱼类和远洋海参的柔软的身体会发生萎缩。这些动物大多是深海中的漂流者，在弱肉强食的黑暗海底生活，生物发光既有利于寻找食物，同时也利于避免自己成为食物。在这一深度，特别是在深处内部的区域，生命群落也和地球上的其他任何地方一样丰富。这里的穴居无脊椎动物并非单一的一种，而是各种无脊椎动物的集合，就像热带浅水潟湖中的生物多种多样。

深海带或深渊层（4 000—6 000 米）： 在4 000 米以下到海底深海沟边缘地方，海水的温度保持在4℃左右，并且越深，压力就越大。这是一片典型的黑暗领域，能带来光线的只有动物的生物发光，以及过热的水从海底热泉喷射出来时的热发光。在这片大部分尚未探索的广阔区域，有三种含有矿物质的区域引起了工业界的注意：覆盖在海底区域的矿物（锰、铁和各种其他金属）结核；沉积在海底热泉周围的矿物结壳；附着在海山表面的矿物质。虽然深海带通常被描述为生物稀少或不存在生物的地区，但这里充满了微生物物种，拥有独特的生态系统，在这里遇到的生物，80%以上都是之前从未发现的新生物。

超深渊带（6 000—11 000 米）： 大洋板块俯冲产生的狭长裂缝造就了深海海沟，也形成了寒冷、黑暗、高压的环境。其面积约占海洋的3%，相当于大洋洲的面积。在这些深而陡峭的裂缝中生存的生物所承受的压力高达海平面压力的600 倍，从101 千帕增加到太平洋马里亚纳海沟底部的110 316 千帕。马里亚纳海沟是海中最深的地方，大约在海平面以下11 000 米。超深渊带通常被描述为一个不适合生物生存的领域，但观察结果证实并非如此。很多探险者在潜入这里时，都发现了海洋生物。他们使用几个配备摄像头和各种仪器的装置拍摄到了甲壳动物、棘皮动物、各种蠕虫和微生物。由于所有深海海沟及其所包含的生物（从3 200 千米长的阿留申海沟到1 750 千米的波多黎各海沟）人们只亲眼看到了一小部分，剩下的地方别说探索了，连看都没有看到，所以，这个独特地区的大部分地方至今仍是一个谜。

高级的头足动物

聪明、强壮、适应性强。在软体动物（软体无脊椎动物）中，生活在海洋中的头足类动物是最高级的。它们的名字在希腊语中意为"头足"，顾名思义，它们的手臂附在头上。鱿鱼、章鱼、墨鱼和鹦鹉螺被人形容为"异常聪明"。它们高度发达的神经系统和感觉器官使得它们能够做出极其复杂而让人惊叹的行为。它们的学习能力很强，经过示例或反复试验之后，它们可以顺利地通过迷宫，并且，人们已经证实，它们能够区分人脸。

研究人员观察到，印度尼西亚附近的一只章鱼用散落在沿海海底的椰子壳制作了住所，并在其中滚动行进。当感受到危险或威胁时，头足类动物眼睛下方的肌肉管会喷出水，身体也因此可以向后、向侧面或垂直方向移动，在逃脱的同时迷惑捕食者。章鱼只有柔软、多肉的手臂，底部有吸盘，能够附着在岩石和珊瑚礁上，在狩猎时手臂会弯曲。墨鱼和鱿鱼不但有手臂，还有用于狩猎的刀片状、可伸缩的触手。一种叫作色素细胞的变色细胞使这些擅长逃脱的艺术家们能够在显眼的地方隐藏。章鱼也会改变自身颜色，甚至在睡眠时会变成万花筒般的颜色——也许它正梦见自己在海洋中四处游动。

左页图： 蝰鱼拥有小而可怕的尖牙，可以在水下几千米深的地方捕食。

深海散射层

　　1942 年，在加利福尼亚州圣地亚哥附近的深水中，物理学家在使用声呐探测潜艇时发现了假海底。在夜间，科学家们在海平面附近发现了神秘的"深海散射层"，而白天它则会下移到水下大约 300 米的深度。光束接触海底时，会呈现强烈、清晰的信号，与光线不同，声音在接触海底时会分散，形成"柔和"的图像。根据推测，声呐的回波一定是接触到大量垂直迁移的海洋动物后返回的。科学家们用部署好的渔网在各个深度进行取样，捕捉到的生物包括手指长度的黑鱼，侧面有发光的斑点；像镜子般明亮的鱼，有着一双大眼睛和锋利的牙齿；梅色的水母；鲜红色的虾；半透明的鱿鱼。

　　人们早就知道在海洋中部栖息着大量的生物。地中海墨西拿海峡附近的海滩上，探险者经常在岸边发现一排排的深海生物，其中有不少是被强大的水流和猛烈的上升流推到海面的。19 世纪 70 年代，"挑战者号"勘测船上的科学家就已经描述过许多种类的灯笼鱼、鱿鱼、虾和各种凝胶状动物，它们基本是在超过 100 米的深度被渔网捕捉，尤其是在夜间。中层海洋生物的数量和分布真正引起人们关注是在 20 世纪 40 年代，当时美国海军发现了这些海洋生物。即使是现在，很少有人意识到，在海洋中阳光能照射到的最远处，生活着地球上数量最多的一部分生物。

　　来自几个亚洲国家和挪威的船队已经行动起来，开始捕捉这些迄今为止"未充分开发"的野生动物，将这里开发成虾和鲑鱼的养殖场，或是把这里当作宠物食品以及肥料、鱼油等产品原料的主要来源。与此同时，科学家们正在竞相研究这一重要生物区的性质，担心人类大规模开发可能对海鸟、鲸、海豹、鲨鱼、金枪鱼和海龟造成灾难性的后果，同时还会破坏营养循环，并且影响氧气的产生、碳捕获以及全球气候变化。

重要事件

锰结核开采

　　锰结核是一种拳头大小的岩石块，在夏威夷和墨西哥之间的海底，到处都能看到这种东西的身影，覆盖的面积相当于美国的国土面积——约450万平方千米，这个古老的地质和生物活跃地区被称为克拉里昂-克利珀顿区。一些国家已经投资购买了用于开采金属结核的重型设备，以获取这里的镍、锰、铜、锌和钴等。

　　问题是，这些金属结核是由仍在生长的微生物，经过一定的作用历时数百万年才形成的，而且它们是鱼类、珊瑚、海绵和幽灵章鱼卡斯珀（2016年发现的一种新物种，其卵会固定在结核上生长的海绵的茎上）的重要栖息地。科学家估计，这里发现的90%的物种都是新物种，而工业采矿将不可避免地对这些古老的生物形态造成破坏。

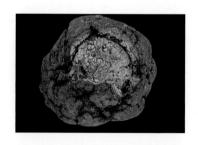

上图：锰结核。

右页图：深海中的鱿鱼，如钻石鱿鱼，因其鳍的形状以及在各种深度的广泛分布而闻名。

远海中的生物

如果想要了解远海中生物的特性，可以从小的生物入手，比如观察数量众多的微生物，它们占据了地球上最大的生存空间。从大的生物着眼也很重要，比如棱皮龟和蓝鲸。思考海洋生物的快速行动也很重要，这样便可以想象金枪鱼、灰鲭鲨和旗鱼（海中速度最快的鱼类）是如何跨越数千千米宽的整个海洋盆地、完成自己的长途迁徙的。思考那些缓慢的行动也是必要的，这样可以理解水母的移动速度，还有微小的甲壳动物、鱼类和鱿鱼每天在黑暗的掩护下，完成跨越数百米的垂直迁徙。

由于所有的海洋都是相连的，因此某些生命形式能够分布在全球范围内也就不足为奇了。远海中有所有种类海龟和大多数的大型鲸，以及包括海洋白鳍鲨、鲭鲨、蓝鲨、鲸鲨和大白鲨在内的各种鲨鱼。棱皮龟一生中可能会在大西洋、太平洋或印度洋中移动数千千米，或者潜到水下超过 1000 米的深处捕食水母等深海生物，而且在几十年内不时回到它们的筑巢地，在那里开始它们的孵化生活。

抹香鲸、逆戟鲸、座头鲸、蓝鲸、小须鲸、长须鲸和露脊鲸可能会在一年内从热带迁徙到极地，从觅食区迁徙到繁殖区，沿途可能会潜入 1000 米深的地方享用自己的美食。虽然以上这些物种可能分布范围比较广，但有一些生物就不是如此了，例如加勒比海多米尼加的抹香鲸和华盛顿普吉特海湾的逆戟鲸，往往就待在本地的海域中，它们有独特的行为和交流方式。

海洋之歌

20世纪60年代，人们记录下了一种神秘而悠扬的声音，随后，科学家们准确地识别出这是座头鲸的声音。后来的分析表明，这些令人难以忘怀的、如流水一样的音符，从低沉的隆隆声到金丝雀般的啁啾声，都遵循了和音乐音节相似的模式。座头鲸现在被称为"会唱歌的鲸鱼"，会在特定区域哼唱特定的歌曲，并且每年都会略有变化。一位知识渊博的座头鲸歌曲专家可以仅从录制好的鲸鱼歌声中判断出鲸鱼所在的地理位置，甚至当时的年龄。

从弓头鲸和布赖德鲸到蓝鲸和灰鲸，须鲸能够发出的声音范围很广，频率可比人类能听到的声音频率要低或者高。齿鲸、海豚、白鲸、逆戟鲸、抹香鲸等其他动物会发出断断续续的高频声呐声，使它们能够用声音"看到"——它们通过分析回声来感知水下物体的大小、形状和距离。最大的齿鲸——抹香鲸也有独特的叫声，被称为"尾声"。

每只宽吻海豚都拥有独特的哨声，或者叫"名字"。这是一种独特的高音叫声，用来在同类之间互相问候。人类一直想要解析海豚多种多样的哨声和高频声呐意味着什么，然而并没有什么进展，不过，这些声音显然对海豚自身来说有独特的含义。

左图： 在南美洲巴塔哥尼亚的海上，暗色斑纹海豚用啸叫声和咔嗒声进行交流。

马尾藻海

　　马尾藻海是北大西洋一个300万平方千米的流涡，与五个海流相邻，维持着一个以马尾藻为基础的生态系统。从海马到孵化的海龟，一个马尾藻丛可以庇护数以千计的生物。

上图：白鳍鲨的成熟和繁殖缓慢，在全球热带水域，它们的数量在逐渐减少，这是一个十分令人担忧的问题。

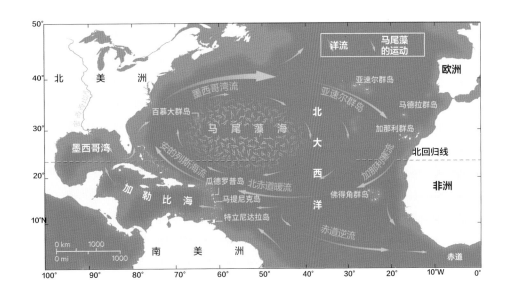

在所有远海地带都有漂浮的碎片岛屿。近年来，陆地上漂浮的植被、分离的海草叶片、连根拔起的海藻与垃圾交织在一起（主要是塑料和废弃的渔具），成群的幼鱼和梭子蟹在这些漂流的物质下找到庇护之所，而迁徙的鸣禽则在上面短暂停留休息。昆虫、蜘蛛，甚至小型哺乳动物和蜥蜴都可能借助这些流浪的小岛，从一个地方去往另一个地方。

马尾藻海位于北大西洋，西部以墨西哥湾流为界，以马尾藻为主的两种褐藻（漂浮马尾藻和流动马尾藻）形成了金色的漂浮森林。50 多种马尾藻中大多数生长在岩石上，但在马尾藻海、墨西哥湾和加勒比海中马尾藻却是真正的远海漂流者，它们绝大部分通过分裂繁殖。马尾藻海中生活着 100 多种鱼类和近 200 种无脊椎动物，它们中许多以马尾藻为食。对于另外十几种动物来说，马尾藻是它们唯一的家。

1969 年 7 月，当人类第一次踏上月球表面时，瑞士探险家雅克·皮卡德带领 5 名船员搭乘"本·富兰克林号"（Ben Franklin）潜艇（可以下潜至水下 600 米处）下潜到墨西哥湾流之下。他们在水下发现了种类丰富的生物，还有无数鱼类，以及被潜艇灯光照亮的透明浮游生物，这种被称为"樽海鞘"的生物在水中跳跃，经常形成一个完整的环，像蝴蝶一样聚集，它们给人以强烈的感受。在马尾藻海西部边缘之下，潜艇周围的水流和这些波浪、海流交织在一起时，发生了反弹，并开始转动。50 多年后，研究人员发现，被标记的白鲨和蓝鲨利用"像高速隧道一样"的温暖流涡进入海洋深处，在那里捕食鱿鱼和小鱼。这样的情况在海面以下 200—1 000 米的地方比比皆是。

在马尾藻海，科学家们多年来一直在进行百慕大大西洋时间序列研究，他们使用拖网在水下 200 米处捕获浮游生物样本，这样的操作每两周一次，早晚各进行一次。他们在所得的数据中发现，浮游生物的运动与地球化学循环、食物网中的相互作用和气候变化有着深刻联系。

从单细胞原生动物到鲸，每一种海洋动物都会消耗其他生物，随后便会产生排泄物，排泄物中含有对浮游植物至关重要的元素，而浮游植物又反过来为浮游动物等提供食物，这便形成了一个不断变化的生物网络。浮游动物包含的种类可能比陆地环境中存在的所有动物种类还多。远海中的小型、中型和大型生物的垂直运动共同创造了各类物质的生物泵，使海洋不仅仅是一片咸水，而是一种流动的液体，其中的有机物和无机物在垂直方向和水平方向上不断循环。

上图：深海太刀鱼以从上方漂浮下来的碎屑为食。大量的钻光鱼、灯笼鱼等生物从深水中迁移到水面大量进食，以至于人们用声呐扫描到它们时，它们看起来就像船的"假底"。

马尾藻海

有人称马尾藻海为"海上的金色热带雨林"。它毗邻北大西洋洋流，自由漂浮的棕色大型藻类——马尾藻构成了其独特的生态系统。蓝鳍金枪鱼、濒临灭绝的百慕大海燕和鼠鲨在这里繁衍生息。

本页图： 抹香鲸在马尾藻的金色天篷下滑行。

海底生物

就在大陆坡和大陆边缘的海底之下，在水下500—2 000米的深处，大量的碳被包裹在生物衍生的甲烷冰冻层中，这些甲烷层已经积累了数百万年。甲烷在低温高压下与水结合形成固态、冰冷的甲烷气水合物（或者叫笼形包合物）。在某些地方，"冰虫"（一种胖乎乎的、手指长的多毛类动物）在水合物中定居，以细菌为食，这些细菌反过来又会代谢甲烷。深海中有大量冻结的甲烷，它们中的碳氢化合物加在一起可能与地球上所有石油、煤和天然气的总和一样多。随着海洋温度升高，人们担心冻结的甲烷会融化，随后甲烷气体会飘到大气中。当前全球变暖幅度中，20%左右源自人类活动和自然中释放的甲烷。

同样隐藏在海底下方的细菌和古菌在数量上可能超过了地球上的所有其他生物。这是一个充满微生物的世界，这里的微生物的复杂性和多样性可以与任何其他的生命形式相媲美。然而，它们的新陈代谢速度极其缓慢。很多细菌的数量可能每隔几分钟就会翻一番，但海底微生物可能在几个世纪内分裂一次。有些细菌可能活了数百万年，重新定义了生物衰老和活着的意义。它们在其他方面也很极端：有些能够耐受高达121.6℃的温度，但对人类来说恰到好处的条件对他们来说反而是极端的。

地球上大约70%的细菌和古菌生活在地下，那里有一个主要位于海洋之下的巨大深层生物圈。火山喷发衍生的玄武岩洋壳位于沉积海床的下方，约占地球表面的三分之二，平均厚度达7千米。从这些岩石的样本中，可以提取出活的微生物。

2010年，研究钻井船"乔迪思·决心号"上的一组科学家在海底钻了一个深530米的洞，然后他们向其中放入了一个仪器，能够长期进行化学和生物采样，同时对这个迄今为止尚未探索的地方进行环境监测。这些实验不仅有助于确定微生物在地球上是如何发展的，而且还对其他星球上生命可能如何发展给我们带来了新的思路。

上图：南极双翅目水母拥有明亮的橙色腹部和褶边的手臂，这些特征使它与众不同。

右页上图：达芙妮子遗海葵在一片锰结核区域上方游动，它的触角有2米长。在2008年，人们首次发现这个生物。

右页下图：项链海星以锰结核作为它的底座，它会抬起自己的手臂来捕捉漂浮的微小甲壳动物。

极地深处的生物

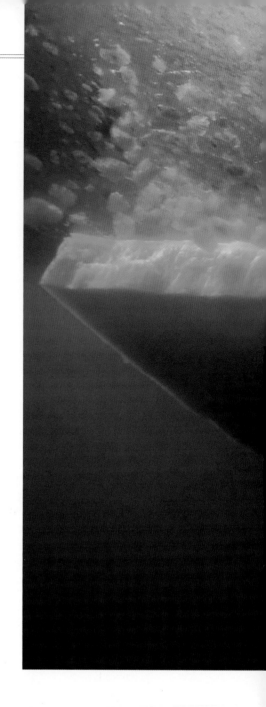

极地地区寒冷或结冰的远海给在那里永久或季节性居住的人们既带来了挑战，也带来了机遇。尽管极地海域1000米以下全年漆黑一片，但极地地区的夏季有长期持续的光照，冬季则是长久的黑暗，这为北冰洋的上层和环绕南极大陆的湍急、快速移动的南大洋洋流中的生物创造了特殊条件。

数千年来，人们不断前往遥远的北极探险，但要到达北极意味着要穿越数百千米的海冰，这是1909年罗伯特·皮里、马修·亨森和四位因纽特人同伴首次完成的壮举，但人类第一次真正进入北极（经由水下）是在2007年，当时，两艘俄罗斯潜艇——"和平1号"（Mir I）和"和平2号"（Mir II）各载有3名探险家，下潜至海洋深处进入北极海域，随后通过冰层裂缝返回。潜艇中的探险家们在海底软沉积物中发现了许多生物留下的土丘、小径和洞穴。

科学家们最近在海冰层下发现了新的海底热泉喷口，对其深入的探索有望对全球热泉喷口生物之间关系产生新的见解。沿着加克尔海脊进行生物取样是目前的一项研究重点，旨在将物种与环境数据相关联，从而获取详细的地形图。

广阔的大陆架与北冰洋相接，大部分地方的深度不到200米。在夏季的几个月里，浮游植物四处遍布，包括覆盖在浮冰下面的大量硅藻，于是，无数的片脚类、桡足类还有其他浮游动物会来吞噬这片"绿地"。反过来，它们又成了数量众多的北极鳕鱼和200多种其他鱼类的食物，然后，海鸟、海洋哺乳动物以及最近才出现的人类渔民又会去以这些鱼类为食。

哺乳动物在南极水域也比比皆是，包括一些在北冰洋繁衍生息的物种。在为期10年的海洋生物普查期间，研究人员记录了200多种出现在两极地区的动物，其中，既有不会在两个极地之间迁徙的逆戟鲸和座头鲸，也有会在两个极点之间迁移的小型北极燕鸥。最近还在南大洋发现了一种通常生活在北极的大型帝王蟹，在南大洋螃蟹和其他十足目甲壳动物非常罕见。变暖的海水可能正合这个新来者的心意，因为它胃口巨大，十分喜欢捕食软体动物、棘皮动物，还有很多生物因招架不住这种强大的捕食者而成了它的腹中之物。

两个世纪前，俄国探险家法比安·戈特利布·冯·贝林斯豪森首次发现南极大陆，随后，人类便成了南极野生动物最可怕的消费者。

上图：一只帝企鹅正奔向南极冰层下的潜水员，冰下生长着金色的微藻群。

捕鲸船、捕海豹船，以及最近来自遥远国家的工业捕鱼船队已经深入了解了南极生态系统的丰富多样。特别令人担忧的是自 20 世纪 80 年代以来南极磷虾的枯竭，虽然磷虾的数量巨大，但这些小型甲壳动物的数量对整个南极生态系统来说至关重要。它们的健康，对小到北极燕鸥，大到鲸，乃至对碳循环、全球气候以及最终的人类生存都有影响。

南极洲永久冰架的退缩速度比以往任何时候都要快。随着大部分冰架发生破裂，被海冰遮蔽了长达 12 万年的地方正在重见天日。这里的科学家们在一处冰架上发现了生命的存在。在近 1 千米的冰层下，摄像机捕捉到了半透明的粉红色的鱼，还有甲壳动物和水母。这证明了多细胞海洋生物在远离远海的黑暗、寒冷的地方生存。

左图：独角鲸被誉为"海洋中的独角兽"，雄性独角鲸长着獠牙。在它们的夏季栖息地——加拿大兰开斯特海峡，独角鲸会潜到800米深的地方寻找北极鳕鱼，在下潜的间歇，它们会像这样浮出水面。

伟大的探索

不可思议 的极地照片

下图：一只北极熊妈妈带着两只幼崽在摄影师阿莫斯·纳乔姆的上方游泳，在看了它们一会后，纳乔姆便拍下了这张照片。

极地有一种荒凉之美。1910 年，英国摄影师赫伯特·庞廷在罗伯特·福尔肯·斯科特的特拉诺瓦南极探险队中拍摄了第一张南极海景的极地照片，自那之后，摄影师们开始拍摄极地世界及其水域的照片。四年之后，英国摄影师弗兰克·赫尔利拍摄了第一张极地照片。到 20 世纪 50 年代，水下摄影出现在世界各地的温暖水域，但寒冷水域仍然没有水下摄影的踪迹。

不久之后，摄影师们便开始穿着鳍状肢进入深而寒冷的大海中。20 世纪七八十年代，海洋生物学家查尔斯·尼克林开始建立鲸的相册集，这些照片有的拍摄于夏威夷和北美海域，有的拍摄于北极和南

上图：摄影师威廉·克钦格在南极水域冒险拍摄了这个顶针大小的水母。

右图：1910年，罗伯特·法尔肯·斯科特带领的特拉诺瓦南极探险队被浮冰困住，这一幕被赫伯特·庞廷记录下来。

大洋。

　　20世纪90年代初，摄影师们深入南极，拍摄到了帝企鹅和在海冰下漂游的头盔水母。

　　在拍摄极地照片这一领域，除了摄影家们的努力，遥控潜水器也发挥了作用，其配备的加压温控摄像机能够在3 000米深的地方拍摄高清图像。到今天，人们可以创纪录地潜入到南极冰层以下70米处，寻找那里的巨型海星、海蜘蛛和珊瑚礁，其"色彩和健康程度"堪比它们生活在热带的同类。

时间线

极地影像

1908—1909年：探险家罗伯特·皮尔里、马修·亨森和唐纳德·麦克米兰拍摄了北冰洋的照片。

1910—1912年：探险家罗伯特·法尔肯·斯科特和摄影师赫伯特·庞廷首次拍摄了南大洋的照片。

1932年：地质学家劳格·科赫拍摄了格陵兰冰川，并开始存档以记录正在消失的北极冰层。

1964年：第一张极地海冰卫星图是由美国国家航空航天局的"雨云1号"卫星（Nimbus 1）拍摄的40 000张照片组合而成的。

20世纪70年代至今：前美国海军摄影师威廉·克钦格在南极洲开创了水下摄影的先河。

1986年：Phantom® 遥控潜水器拍到了第一张关于南极冰下巨型海绵以及其他生物的图像。

1995—2000年：借助雷达卫星图像绘制了北极海冰变化的第一张综合地图。

2005年：美国国家海洋和大气管理局全球探险家遥控潜水器在北极的加拿大盆地拍摄到了新发现的有鳍章鱼（绰号"笨蛋"）。

2015年：生物学家罗斯·鲍威尔使用穿过南极冰架下降的遥控潜水器记录狮子鱼的影像。

2017年：英国广播电视公司在拍摄纪录片《蓝色星球II》时，使用潜水器拍摄在1 000米深处的南极珊瑚。

第三部分

人类之海

| 第七章 |

深海探索工具

tools for deep discovery

近年来，科学技术不断取得进步，这使得我们可能迎来史上最伟大的海洋探索时代，每一次探索都会发现以前根本想不到的问题。海洋之所以拥有如此多的秘密等待人们探索，并不是因为人类缺乏智慧和好奇心，也不是人类没有深入探究的欲望。相反，如同渴望飞向天空或者更远的太空一样，人类想要进入海洋深处，但这需要一定水平的知识、意愿、资金以及合适的能源和材料。达成这些条件，人类才能在陆地、天空和深海中展开冒险。尽管取得了显著的进步，人们目前仍只看到了海洋的一小部分，更不用说探索或绘制海洋的全貌了，并且，海底生物如此复杂多样，只有一小部分生物的习性以及它们与人类生存的相关性为人类所知。

一直以来，人类都在积极地前往海面之下，通常是为了获取食物，有时则是为了娱乐，或者为了宝藏、打捞沉船、作战……不过最根本的原因是好奇心。然而，在漫长的历史中，大部分海洋人类都无法进入，毕竟，海洋的平均深度接近4000米，普通人一次呼吸只能下潜不到4米。你能屏住呼吸多久？对于我们大多数人来说，不到1分钟就已经坚持不住了。通过练习，有些人也许能坚持三四分钟，甚至10分钟左右。他们使用这种技能进行潜水，最深可以下潜到水下100多米，但这仍然只是海洋这个地球上最大的水资源库和生物库的顶部。潜水员专业装备携带混合气体，可以下潜到500米以下的深度。遥控操作的水下装置和载人潜水器才刚刚能够进入海洋的最深处。

目前，在海洋研究方面，出现了很多精密的研究船、航天器和新仪器，以及逐渐广泛使用的自主海底探测技术以及浮标等其他设备。通过这些方式，人们收获了对海洋的了解，随后将这些知识收集、整理，相互分享，最后证实了一个日益明显的现实：海洋探索的伟大时代实际上才刚刚开始。

右图： 水瓶座水下实验室由佛罗里达国际大学运营，其中的科学家们已经在佛罗里达州的拉哥礁海域待了好几天。

第204—205页图： 潜水员在哥斯达黎加科科斯岛国家公园的一个水下洞穴中探索，这里是石鲈的天堂。

第206—207页图： 在北大西洋水下3.8千米的深处，"阿尔文号"载人潜水器照亮了1985年沉没的"泰坦尼克号"。

潜入海洋

　　非洲南部的考古发现显示，在 16 万年前的中石器时代，就有人类在沿海地区生活了。在这些地点发现的各种海洋软体动物的贝壳证明，人类的祖先很久以前已经用双脚探索海洋。几千年来，女性潜水员一直在利用自己的技能采集可食用的海藻和其他海洋生物。几个世纪以来，潜水员一直在突破屏气潜水的极限，因而，人类才可以不断在地中海和红海获取到海绵、鱼类，还有珍贵的红珊瑚和珠母贝。

　　温度、压力、二氧化碳的积累量以及氧气的可用量，这些都是限制人类潜水深度和时间的因素，其他动物也难逃这种限制。在海洋中，大多数生物都有被称为鳃的结构，像是水中呼吸的肺，这是一种薄膜，能够将周围水中的氧气转移到它们的血液和内脏器官中。许多用肺呼吸的动物也可以潜水，它们在水下停留的时间比人类长得多，甚至有些动物似乎在水下更自在。大约有 60 种海蛇，从破壳而出，一直到脱离自己的母亲独自生活，它们中的大部分终生都会待在海洋中。有一些海蛇与亚洲眼镜蛇是近亲，它们大多是水生的，但在陆地上产卵。其他海洋爬行动物也是如此，包括几种鳄鱼、科隆海鬣蜥和所有的海龟。

上图：被称为海上游牧民族的巴瑶族人乘坐独木舟，在马来西亚波德加亚岛的珊瑚礁中捕鱼。

右页图：流传了数百年的屏气练习让日本海女可以在水中闭气2分钟以上，方便她们寻找食物。

　　许多海鸟也会潜水，大多数从高空开始，像厚嘴崖海鸦可以下降到 200 米深度去追逐小鱼。在水下，不会飞的企鹅和科隆鸬鹚如同它们的猎物一样优雅而敏捷。在哺乳动物中，儒艮和海牛往往停留在水下 10 米左右的地方，海獭和海狮可以冒险潜至水下 100 米的地方。海豹可以潜至水下 500 米的位置，它们的近亲、巨大的象海豹则可以到达 600 米的地方。在潜水方面，抹香鲸比其他大多数鲸类动物都要强，它们可以到水下超过 1 000 米的地方，同时停留的时间也更长，能够超过 1 小时。深海潜水的冠军当数光滑的鹅喙鲸，它可以到达水下 3 000 米的地方。在开创性的工程学的帮助下，人类是唯一能够到达更深地方的呼吸空气的动物。

向更深处进发

早在人们发明出在水下获取空气的方法之前，某些水蛛就用自己的丝绕成了一个形似翻倒花瓶的容器，然后让空气填入其中，在水下创造出干燥的空间，这里是它们享用捕获到的猎物的地方。亚里士多德在公元前 4 世纪设计了一个体积更大、形状相似的结构，据说，他的学生亚历山大大帝使用基于这种设计的系统在地中海的部分地区进行了潜水。英国天文学家埃德蒙·哈雷在 1691 年设计了一个木制潜水钟，当潜水钟进入水中，会将空气压缩到顶部，这样他就可以正常呼吸了。通过向木钟中输送空气，可以让空气填满潜水钟的整个空间，这样便可以允许多个人待在里面，照看一名被绳子牵着的潜水员，随后，潜水员可以从钟附近走一小段距离，肩上还扛着另一个"个人潜水钟"。在给英国皇家学会的一份报告中，哈雷说："通过这种方式，我让 3 名男子在 18 米深的水下待了 105 分钟，没有出现任何不方便的情况，并且完全可以自由地行动，就好像在陆地上一样。"

法国发明家弗雷米内特爵士于 1771 年提出了潜水头盔的概念，它大体上是一个戴在潜水员头上的潜水钟，由一根软管连接，陆地上的一个泵通过软管不断输送空气。英国工程师约翰·斯密顿设计了第一个广泛使用的潜水钟，1788 年开始，这款潜水钟开始应用于打捞、建筑和维修作业。潜水钟由铸铁制成，通过手动泵、软管和单向阀完成压缩空气的输送，同时防止在泵停止时，空气会被吸回泵中。

一场马厩的火灾引发了潜水装备的下一个突破。约翰·迪恩是当时围观的人之一，他从一套中世纪的盔甲中拿了一个头盔，随后说服了现场的消防员，让他们用一根软管将空气泵入头盔，自己便戴着头盔冲进烟雾弥漫的马厩，安全地将珍贵的马匹救出。1823 年，他将这个概念申请了专利，并且用于消防。此后不久，他制造了一种经过改进的潜水头盔，潜水员在佩戴时需要将头盔连在肩膀上，空气会被源源不断地输送进来。德国器械制造商奥古斯都·西贝将头盔密封在配备加重腰带和铅底靴的防水服上，进一步完善了潜水服的概念。在西贝潜水服的基础上，潜水服有了很大的进步，同时也派生出了一些专业词汇，比如"重型装备"和"安全帽潜水"。

如今，世界各地的热带度假胜地的潜水员都用上了更轻便的潜水头盔，只要戴上色彩鲜艳而又十分轻便的潜水头盔，你就可以在珊瑚、海绵和奇妙的鱼群之间漫游。

上图：大约在 1730 年，瑞典商人马滕·特里弗德在深海中受到启发，随即绘制了这个潜水钟。

右页图：天文学家埃德蒙·哈雷 1691 年构想的充气潜水钟，并且使用"个人潜水钟"为潜水员提供氧气，这一想法在 19 世纪初成功实现。

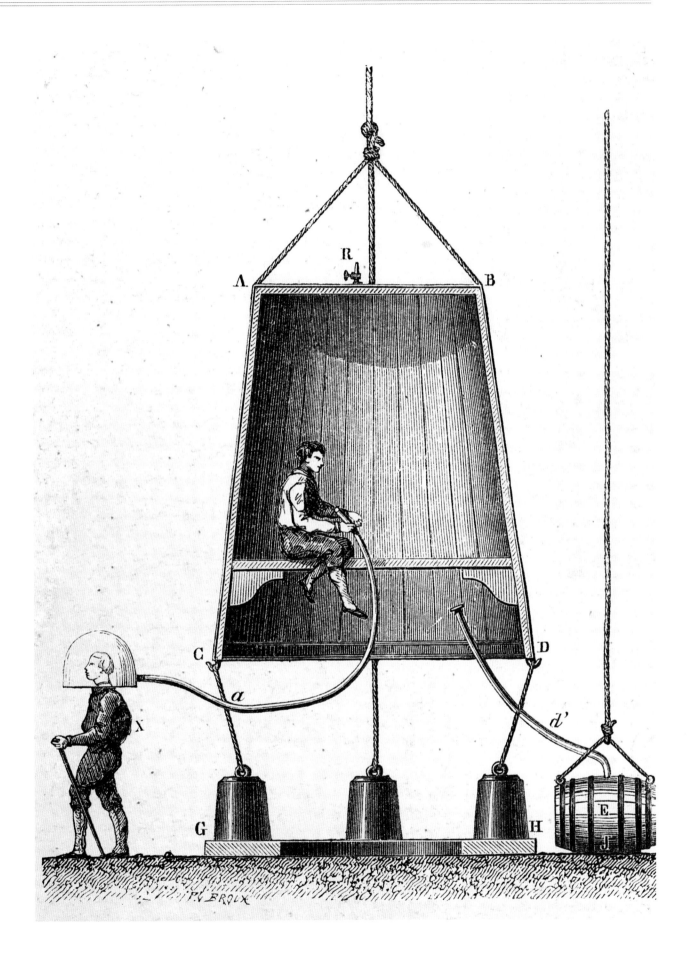

感受压力

1783 年，一场离奇的事故促成了潜水技术的一系列突破。配备了 100 门火炮的英国军舰"皇家乔治号"（H.M.S. Royal George）在朴次茅斯港进行维修时突然翻倒。1834 年打捞任务开始，1839 年潜水钟和迪恩的安全帽系统被用于部署水下炸药，以便分解船体。当时是第一次强制要求潜水员成对潜水（现在标准的"潜伴制度"），其中一名潜水员的空气软管被切断，压缩空气从他的潜水服和头盔中冲出，压迫了头盔附近的软组织，导致他的头部肿胀，血液从他的眼睛和耳朵中流出。这是一个典型的"挤压"案例，他幸存了下来，但在更深水域作业的潜水员遭遇这种状况时往往难逃厄运。因此，后来的潜水头盔上添加了一个简单但至关重要的止回阀，彻底解决了这个可怕的问题。

那些深海中的怪物，包括巨型章鱼、鱿鱼、鲨鱼和其他恐怖之物，一直困扰着那些在水下冒险的人，但潜水中最大的风险主要是不了解或不按照要求使用气体的行为。直到 18 世纪 70 年代，人们才了解了空气中各种气体的成分，包括氧气占 20.9%，氮气占 78.09%，以及微量的其他气体。经过多年的反复试验，人们才发现在一定压力下呼吸空气的危害。

许多商业和军事潜水员以及桥梁建筑工人在干燥但加压的沉箱中长时间工作，当他们回到地面时，正常的气压就会令其患上一种神秘的疾病。这种病现在被称为沉箱病或减压病，它的症状包括皮肤刺痛或发痒、呼吸急促、头晕以及关节、肌肉或腹部会有"像刀割一样"的剧烈疼痛。

1878 年，法国生理学家保罗·伯特博士发现，在压力下呼吸空气会增加身体组织中的氮含量。氮气在压力下停留在血液中，但如果压力释放过快，氮气则会变成气泡，从而引起疼痛。他推断，氮气气泡是潜水员疼痛的主要原因。他还观察到，逐渐降低压力可以让氮气安全地逸出，所以可以将受折磨的潜水员置于加压舱内缓解症状。如果不进行治疗，任由氮气气泡自然变化，则可能会阻塞血液进入重要器官并导致瘫痪或死亡。

J.S.霍尔丹医生 1907 年在英国海军进行实验期间，引入了分阶段减压的概念（不同于渐进减压），这使潜水更加安全。他掌握了气体在压力下的特征，于是开发了第一套潜水减压表，适用于深达 60

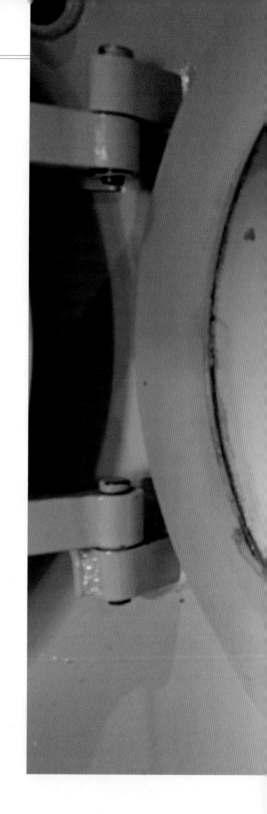

上图：在意大利的塔兰托湾，潜水员在减压舱内呼吸氧气，以此消除身体组织中的氮气。

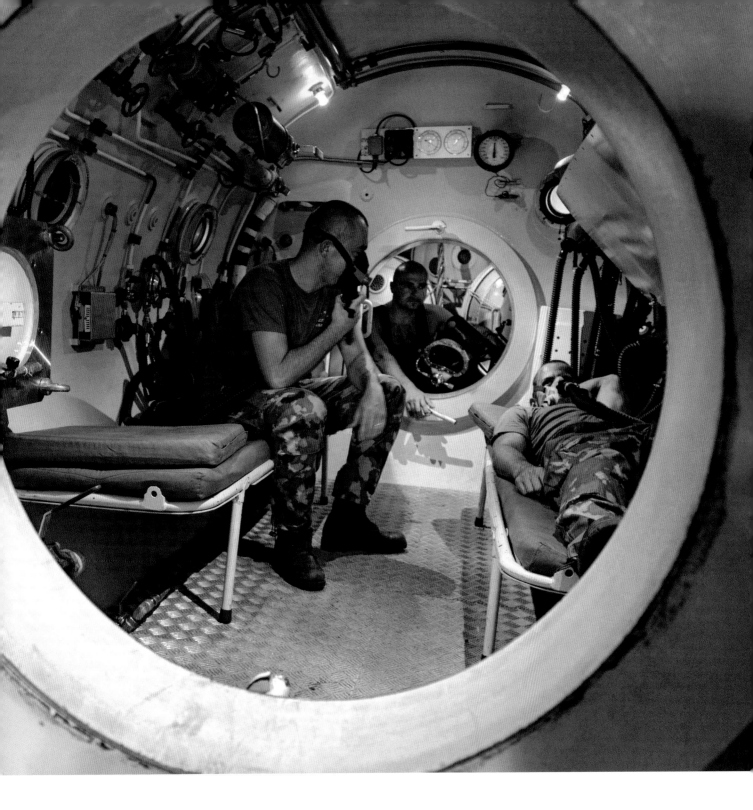

米的潜水活动。安全返回水面所需的时间取决于潜水员潜水的时间和深度。

压缩空气对潜水员还有其他意想不到的影响。当在超过 30 米的深度呼吸时，空气中的氮气会引起一种危险的、使心情发生变化的兴奋感，纯氧会在水下大约 10 米的深度引起抽搐和死亡。氮气麻醉和氧气中毒的综合影响将压缩空气的潜水深度限制在 50 米左右。

不断下潜

从水面之上用软管供应空气，随后携有潜水钟并戴有头盔的潜水员便可以在水下工作。但早在 1772 年，法国人弗雷米内特爵士开发了一种自给式系统，潜水员可以通过携带一罐压缩空气来摆脱对软管的依赖。1925 年，伊夫·勒普里尔设计了一种不那么烦琐的方法：将一个压缩空气气缸挂在潜水员的胸部，这样就能源源不断地将空气释放到全罩式面罩中。

1876 年，潜水大师亨利·弗勒斯设计了一种不同的方法，在一个封闭的、独立的再呼吸系统中，用氧气取代了空气，在回收气体时使用碱石灰去除二氧化碳。随后，这一系统成功地应用于营救被困矿工和在水下隧道中运输水箱或软管等难度和危险性较大的作业活动。20 世纪 40 年代，奥地利水下探险家和动物学家汉斯·哈斯使用升级改造过的氧气循环呼吸器，悄悄接近了红海中的鲨鱼，并拍摄了它们的照片。

在地中海进行了多年的屏气潜水后，雅克·库斯托和同伴渴望潜入到更深的位置，并停留更长的时间。他们尝试了勒普里尔系统，但事实证明这个系统很烦琐，而且只能进行短距离潜水。和哈斯一样，库斯托尝试使用循环呼吸器，据称，在 14 米深的地方呼吸氧气是安全的，但当库斯托到达那个深度时，他说他的嘴唇开始不受控制地颤抖，在失去知觉之前，他的脊椎像弓一样向后弯曲。几个月后，他再次尝试使用他帮助设计的新型氧气循环呼吸器，但这次在 14 米处时，他突然开始抽搐，以至于不记得如何丢掉了负重腰带。

虽然库斯托放弃了使用"危险的"氧气循环呼吸器，但他比以往任何时候都更加坚定，一定要找到一种安全、可靠的深海潜水方法。他的自给式压缩气潜水肺的设想在 1942 年实现。库斯托与工程师埃米尔·加尼昂合作，将加尼昂设计的汽车进气阀改造成了第一个被广泛采用的"自给式水下呼吸器"，他们将其命名为"水肺"。

重要事件

水下科研

在发明水肺潜水之后，雅克·库斯托在20世纪60年代又提出了大陆架观测站的概念，目标是将观测站设置在水下的最大深度300米处。这一项目是期望水下人类常住区的建成能够促进深海的勘探和开发。三个观测站中的第一个"大陆架1号"位于马赛附近的地中海中10米深的位置，1962年，阿尔伯特·法尔科和克劳德·韦斯利在那里住了一周的时间。一年后，6名潜水员在位于苏丹海岸外红海的"大陆架2号"中度过了一个月。"大陆架3号"位于摩纳哥附近的地中海处，深度为102米，6名潜水员在其中度过了三周的时间。

在科学领域，自1975年以来，"水下实验室"成为科学家潜水员的基地，他们乘坐潜水器到达附近的深海陆坡边缘。这种潜水器配备一个供驾驶员和观察员使用的常压、透明的丙烯酸球体空间，以及一个可以加压以匹配外部环境压力的独立舱室。舱室底部的一个舱口能够打开，允许潜水员进行潜水，然后在一定压力下安全返回"水下实验室"。

左图：科学家在检查一只牛鲨。

右页图：雅克·库斯托测试他与工程师埃米尔·加尼昂开发的具有变革性的呼吸器。

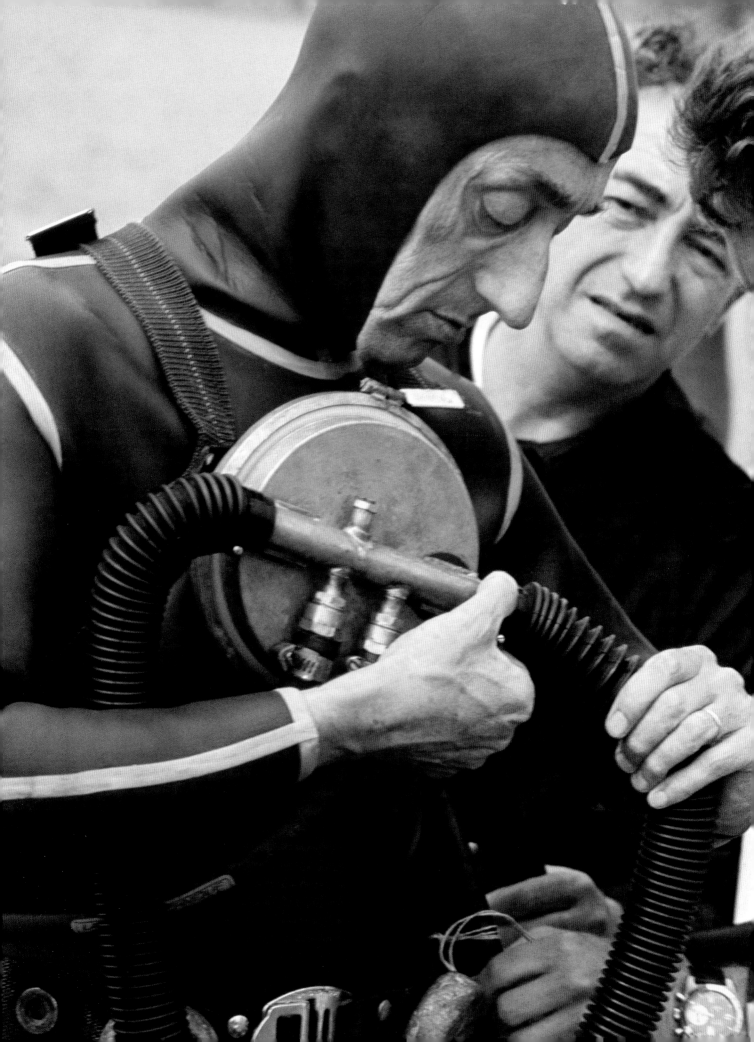

加利福尼亚湾

加利福尼亚湾被雅克·库斯托誉为"世界水族馆",因其独特的海洋生物多样性而享誉全球。在这片从科罗拉多河三角洲延伸到下加利福尼亚半岛顶端的陡峭深渊中,有近千种鱼类、5000多种无脊椎动物和至少170种海鸟在繁衍生息。

本页图:巴拿马石鲈和墨西哥绯鲵鲣在普尔莫角的礁石上闪闪发光。

突破纪录的深潜器

到 20 世纪 70 年代中期，已有 12 个国家部署了 100 多艘小型载人潜水器。1964 年，三人深潜器"阿尔文号"成功下水。作为研究潜水器，它得到了重大的升级改造，现在能够下潜至 6 500 米的深度。50 多年来，加拿大制造的"双鱼座"载人潜水器已将海洋探索的深度深入至 2 000 米，而在同一时间内，两艘四人"约翰逊海洋林克号"（Johnson-Sea-Link）研究潜水器累计已将数百名科学家带到了 1 000 米的深度。

1948 年，瑞士物理学家奥古斯特·皮卡德和比利时物理学家马克斯·科辛斯测试了一种他们称之为深海潜水器的深潜系统。1954 年，他们用这款潜水器在塞内加尔首都达喀尔附近潜水，下潜深度达到了创纪录的 4 050 米。6 年后，他的儿子雅克·皮卡德和美国海军领航员唐·沃尔什中尉一起搭乘深海潜水器"的里雅斯特号"（Trieste），共同潜入了世界海洋的最深处——马里亚纳海沟的底部。

52 年后，詹姆斯·卡梅隆从鲜绿色的"深海挑战者号"（Deepsea Challenger）潜水器中现身。自 1960 年的"的里雅斯特号"以来，这是第一艘从马里亚纳海沟返回的潜水器，卡梅隆也是第一个单独完成潜水的人。

在中国，下潜深度 7 000 米级的"蛟龙号"项目由中国科学家崔维成领衔，并于 2012 年正式下水，此外，由他设计的全海深潜水器"彩虹鱼号"也已试验成功，正式投入使用。与此同时，探险家维克多·维斯科沃委托建造了一艘全海深双人潜水器——"限制因子号"（Limiting Factor），随后他便着手在海洋中 5 个最深的地方进行单人潜水。2018 年，他到达了第一站——波多黎各海沟。2019 年，他陆续前往了南桑德韦奇海沟、爪哇海沟、莫洛伊海沟和马里亚纳海沟。

海洋最深处有多深呢？珠穆朗玛峰的顶峰是一个从数千米外可以看见、可以精确到厘米测量的点，而马里亚纳海沟的底部远超视线的范围，它通常是平坦的，有 1 000 多千米的缓坡和土丘。维斯科沃测量的最大深度为 10 927 米，比沃尔什和皮卡德在 1960 年记录的 10 916 米深 11 米，比詹姆斯·卡梅隆在 2012 年报告的 10 908 米深 19 米；另有一些测量结果显示其深度为 10 984 米。因此，这个地球上最深的地方是大约 11 000 米的深处。

海洋人物

詹姆斯·卡梅隆

詹姆斯·卡梅隆既是著名的电影制片人，同时也是潜水员和工程师。1997 年上映的《泰坦尼克号》取得了超高的票房成绩，在影片拍摄之前，他进行了 12 次潜水，用高清摄像机记录下了沉船的样子。后来，他和工程师文斯·佩斯开发了革命性的 3D 摄像系统，并于 2003 年制作了 IMAX 纪录片《深渊幽灵》。

2012 年，卡梅隆在马里亚纳海沟的底部进行了潜水，也是世界上第一次单人潜水至此深度的潜水活动。他搭乘"深海挑战者号"，在 2.5 小时之内下降了近 11 千米，而"深海挑战者号"是他与工程师罗恩·阿勒姆共同设计完成的潜水器，可承受比大气压大 1 000 倍的压力；随后，他用 3D 摄像机和 LED 灯对海沟进行了几个小时的拍摄。他的新作《阿凡达 2》继续为观众揭开海洋的奥秘。

右页图：詹姆斯·卡梅隆正在"深海挑战者号"中进行试潜。后来，他搭乘这艘潜水器，以创纪录的速度下降到马里亚纳海沟的底部。

派出机器人

有了遥控潜水器，科学家们在大屏幕前就可以观察到水下3 000米的环境。有的遥控潜水器和卡车一样大，有的小到可以放在公文包里。遥控潜水器最初出现在20世纪60年代，当时开发的原因是为了将其应用在军事、科学和工业方面。利用拖曳式潜水器系统，科学家们成功地在科隆群岛附近发现海底热泉喷口。

商业用途的遥控潜水器的需求不断增长，为此，人们开始开发带有机械臂和专用工具的遥控潜水器。到20世纪80年代后期，远程操作系统被认为是海上石油和天然气行业在水下检查、建造、维护和维修所必不可少的。世界各地的海军都自行开发了遥控潜水器，或是在原有的基础上进行改造，将其用于港口监测以及水雷的定位和清除。

20世纪80年代，科学家们开始使用动力遥控潜水器，他们还与工程师合作，最终开发出了探索极地冰层甚至海洋最深处的潜水器系统。1995年，日本的"海沟号"（Kaikō）遥控潜水器到达了马里亚纳海沟底部，而伍兹霍尔海洋研究所的混合型潜水器"海神号"（Nereus）于2009年到达马里亚纳海沟底部，两个潜水器都传回了大量的图像，让人们看到了在这里繁衍生息的多种生命形式。遗憾的是，两个潜水器随后都在海上失踪了。

夏威夷大学的"潜水员号"（Lu'ukai）遥控潜水器能潜至6 500米的深处，这也充分说明了遥控潜水器是探索和监测深海的重要工具。在水下2 000—6 000米的深度，人们计划在海底热泉喷口周围采集锰结核和深海结壳，从而在其中提取矿物。"潜水员号"拍摄了那里的生态系统图片，随后以强有力的实证反驳了那里生命稀少的说法。

带有电缆的潜水器能够直接受人控制，同时还能实时传送图像和数据，也能采集样本，一般来说，这种潜水器可以在潜水结束后恢复系统。由机载预编程计算机驱动的自治式潜水器可以运行很长的距离，并且不会出现困扰遥控潜水器的电缆缠绕的问题。不过，如果导航系统或跟踪设备出现故障，它们很容易在海中丢失。21世纪，数百艘自治式潜水器和遥控潜水器以及数十艘载人潜水器在海上运行，有的是独立执行任务，有的则是相互配合。

上图：一艘研究船发射"全球探索者号"（Global Explorer）遥控潜水器，在深达2 743米的地方拍摄照片并收集数据。它的机械臂能够巧妙地捕捉脆弱的生物样本。

影像的力量

　　20 世纪 60 年代之前，人们很难获得任何类型的水下照片。19 世纪 90 年代，法国生物学家路易·布坦首次制作了水下相机系统，他也被誉为水下摄影的先驱。在此之前，诸如"挑战者号"上的科学家只能用钩子或网捕捉海洋生物，再请艺术家们将其画下来。

　　水下摄影的第一次商业使用始于 1916 年，当时，环球影业想要拍摄儒勒·凡尔纳的《海底两万里》，J.欧内斯特·威廉姆森为电影拍摄了精彩的场景。威廉姆森的父亲是一名船长，他设计了一种由互锁铁环制成的可弯曲的管子，人可以借助这根管子潜入水下，在 50 米多深的地方打捞船只或者进行修复工作。威廉姆森在此基础上添加一个带有玻璃窗的观察室，不仅可以装上相机，摄影师也能一同前往。

　　1926 年，水下彩色摄影出现。科学家威廉·朗利和摄影师查尔斯·马丁在佛罗里达群岛遇到了拍摄猪鱼的机会。他们将相机装入防水外壳中，为了照明，他们在拖着的木筏上让电池短路，导致镁闪粉爆炸从而获得了足够的光线。20 世纪 30 年代，奥地利科学家汉斯·哈斯制造了自己的第一个水下摄影系统；20 世纪 40 年代，他开创了水下电影制作的先河。

　　哈罗德·埃杰顿是电子频闪摄影技术的发明者，被亲切地称为"电子闪光灯之父"。他用妥善放置的水下相机和从船边降下的闪光灯，在水下上千米的深度拍摄了第一批海洋生物的图像。如今，水下相机已经十分普遍，有时人们会把相机放置在海底数小时，然后用设计好位置的诱饵吸引那些十分警惕的生物，从而将它们引诱到相机的视野范围内，然后对其进行拍摄。

　　美国电话电报公司贝尔实验室的两名科学家乔治·E.史密斯和威拉德·斯特林·博伊尔发明了电荷耦合器件，这也为数码摄影奠定了基础。光照射到一个微小的光敏硅电池网格上，每个电池都会产生与照射到它的光成正比的电荷。人们可以精确地测量电荷，从而准

上图：1926年，查尔斯·马丁在《国家地理》杂志上发表的首张水下彩色图像创造了历史。

右页图：19世纪70年代，"挑战者号"上的艺术家A.T.霍利克绘制了浮游有孔虫贝壳的画像。

确确定图像的此部分应该有多亮。使用滤光器之后还可以辨别颜色。

　　网格的各个元素形成微小的正方形，也就是像素，共同构成了图像。1975 年，柯达公司年轻的工程师史蒂夫·萨森使用电荷耦合技术制造了第一台面包盒大小的数码相机。20 世纪 90 年代，第一批消费机型问世。随后在 1997 年，工程师菲利普·卡恩创造了第一部照相手机。

　　在蝙蝠、飞蛾和许多海洋哺乳动物中，"用声音看东西"是一种很普遍的现象，但对声音敏感的数字系统已经从过去的声呐技术，发展到越来越有效的视觉分辨率的阶段，从而使人们能够看到清晰的图像。声波比光波长 2 000 多倍，在黑暗或浑浊的水中不会被阻挡或轻易散射。这意味着，即使在能见度为零的情况下，靠声波依旧能对微小的浮游生物、鱼群和海底进行成像。

　　海洋中的生物感知光和颜色的方式与人类不同，现在，人类可以通过使用荧光检测相机看到这一现象。海洋生物学家这一发现为人类将这些生物的独特视角可视化提供了思路。

海洋人物

乔尔·萨托

　　乔尔·萨托是影像方舟的发起者。这个组织成立于2006年，它的使命是记录濒危物种。萨托的目标是，在远离自然家园的动物园和野生动物保护区中，拍摄地球上15 000种物种的肖像。

　　截至2021年初，萨托已经拍摄了11 000多幅。想要观看他的作品，可以拜读萨托的著作：《珍稀动物全书》《多样的生命》《国家地理珍稀鸟类全书》。

上图：在蓝色海洋的深处，发光的萤火鱿从太平洋近海迁移到日本海岸进行繁殖。

伟大的探索

潜水
里程碑

下图：维克多·维斯科沃搭乘他的"限制因子号"潜水器到达了海洋最深处——挑战者深渊后，又成功浮出水面。

从采集海绵的希腊潜水员呼吸水壶中的空气，到今天最先进的遥控潜水器能够去往人类可能永远不会冒险前往的海洋深处，我们一直在寻找探索海洋深处边界的完美方法。无论是单人潜水还是多人下潜，无论是在海洋中寻找食物、探索、欣赏、竞技或进行科学发现，从日本"海女"用来收集贝类的简单屏气技术，到充满空气的加压舱下降到海洋的最深处马里亚纳海沟的底部，每一项非凡的技术进步都值得庆祝。这条时间线中的每个日期都让人类向着理解和欣赏海洋迈进了一步，也更加接近一种方法，使我们能够保护海洋的复杂生态系统和多种生物的未来。

深海探索

1930—1934年：在百慕大附近的一个深海，威廉·毕比和奥蒂斯·巴顿潜至水下923米。

1943年：雅克·库斯托与埃米尔·加尼昂完善了水肺。

1948年：奥古斯特·皮卡德发明了深海潜水艇FNRS-2。

1955年：美国海军的核潜艇"鹦鹉螺号"（Nautilus）下水。

1960年：雅克·皮卡德和唐·沃尔什中尉搭乘"的里雅斯特号"到达马里亚纳海沟；美国核潜艇"特里同号"（Triton）环游地球。

1962年：库斯托的"大陆架1号"（Conshelf I）团队在地中海水下生活了7天。

1964年：美国海军海洋实验室团队住在百慕大和加利福尼亚附近。海军派出"阿尔文号"进行研究。

1969—1970年："玻陨石"项目，11个科学团队在美国维京群岛的水下生活。

1972年："水下实验室"开始了长达20年的科学饱和潜水研究。

1990年至今：美国国家海洋和大气管理局的"阿尔戈"项目部署了机器人探测器来监测海洋。

1992年至今：佛罗里达州的"水瓶座"海底实验室接待了珊瑚礁研究人员。

2012年：詹姆斯·卡梅隆在"深海挑战者号"中首次单人潜入马里亚纳海沟底部。

2019—2020年：维克多·维斯科沃搭乘"限制因子号"潜水器到达了每一个海洋盆地的最深处。

上一图：1898年，工程师约翰·霍兰从他的潜艇中探出头来，这艘潜艇后来很快被命名为美国海军的"霍兰号"（Holland）。

上二图：雅克·皮卡德的深海潜艇在1960年达到1000米的深度后，准备在1963年在大西洋进行潜水。

第八章

人类活动的影响

humans and the sea

美国国家航空航天局的"黑色大理石地图"计划是从太空拍摄夜间的地球，后来更详细的"夜间城市"项目描绘了航天员从高空目睹的景象：聚集在一起的点点灯光表明全球人口的分布，密集的地方主要出现在内陆湖泊的岸边，或是河流的河岸和三角洲，尤其是在陆地和海洋交汇的沿海地区。全球约有一半的人口居住在距海 100 千米左右的范围内。获得淡水，是人类生存和发展的关键。但许多住在遥远内陆、从未见过或接触过海洋的人不知道，他们喝的每一滴水、他们洗的每一个澡、他们收获的每一种庄稼，都与海洋息息相关。

水永远保持着运动，在形式和位置上无休止地发生着变化。鲸喷出的雾气中的一个水分子可能会出现在海鸥的下一次呼吸中，然后随着海鸥的排泄物一同返回大海。同样的，一个水分子可能曾经是沙漠泉水的一部分，或者是农民脸上闪闪发光的一滴汗。水蒸气来自海洋，那里储存着地球上 97% 的水源。随后，它留下盐分，形成雾状水云，在陆地和海洋上下雨或下雪。流经时空，水有时会在冰川中冻结数千年，或者穿过海底深处的通道，最终在富含矿物质的间歇热泉中喷发，再次将水蒸气送入天空。

从某种程度上来说，所有人都是海洋生物，就像任何鱼或鲸一样依赖海洋的存在。人类活动的影响，尤其是最近两个世纪以来的影响，意味着现在海洋的未来与我们有着千丝万缕的联系。没有我们，海洋和地球上的大部分生命都可以蓬勃发展。但是，由于我们已经从海洋中索取和排放的东西，海洋将持续变化。

右图：美国国家航空航天局"黑色大理石地图"计划中的卫星拍摄图片，灯火通明的欧洲显示了集中在海岸线附近的人类活动。

第230—231页图：在墨西哥的圣本尼迪托岛外，好奇的年幼鲷鱼正在"调查"一名自由潜水员。

谁需要海洋？

我们对海洋的绝对依赖并不总是显而易见的。即使是现在，海洋在任何时候，对每个人、每个地方的重要性，都需要进行大量的解释。有一些很明确，比如数千年前，沿海居民的饮食习惯在所食用的动物的贝壳和骨头上得到记录。现在，人类每年捕捞数百万吨的海洋生物，以满足生活在海洋附近以及远在内陆地区的人们的需求。世界上许多最古老，也最大的城市都是港口城市，它们地理位置优越，可以支持跨洋货运，也易于获取海洋动物作为食物，同时便于将废弃物排入大海。

在海洋为人类提供的服务中，交通运输绝对排在前列。在古代用原木、芦苇、竹子和动物皮制成的木筏和独木舟，为人们提供了通往本土以外地区的方式。大约 50 000 年前，人们通过海路到达了大洋洲。也是通过海路，人类至少在 10 000 年，甚至 20 000 年前从亚洲迁移到北美洲。纵观历史，海洋为人类设置了巨大的障碍，但它也提供了一条连接我们所有人的液态高速公路。如今的商业贸易，90%是通过海运进行的。这些船和货仓装载着食物、衣服等各种资源在世界各地流动，正是这些船只的航行推动了全球化。

除了航运，采掘业（从海洋中获取野生动物、石油、天然气、矿产，甚至是海水本身）也是海洋造福人类的众多方式之一。海洋也是一个"终极处理场"，人们在此处理垃圾、毒素、废弃物、废料以及人们想要"扔掉"的任何其他东西。这些便是衡量海洋如何对人类有益的常见标准。

但是，我们从海洋中获得的最重要的东西就是生命。也许有朝一日，人类会生活在月球、火星或某个遥远的星系中，但我们现在所居住的地方，是宇宙中一个我们所知的适宜生命存在的地方。生命之所以存在，是因为这颗星球是蓝色的。如果没有海洋，就没有生命；如果没有海洋，便没有人类。如果海洋有麻烦，我们也一样。

重要事件

海洋探测技术

从太空中看地球，世界的整个表面都被清楚地记录了下来，并且绘制成了详细的地图，但是海底的大部分土地是看不到的，因此地球的大部分实际表面（也就是海底）还没有被看到或绘制成具有同等精确度的地图。

主要的原因在于海水中的能见度有限。海豚和鲸鱼通过使用复杂的声学技术克服了这个问题，从第一次世界大战开始，人类也找到了办法。在第二次世界大战期间，利用声音在水下"看到"的方法进一步发展为声呐技术（声音导航和测距），具体来说就是将一束声波发送到水中，利用其返回回波的时间长度来寻找海底的位置以及判断是否有敌方潜艇等物体。当多个声呐（多波束）排列在船体上时，会生成一系列图像，这些图像比单波束更准确。后来，人们找到了最适合确定海底深度、海底位置的各种声音频率，它们还可探测海底数千米范围内的沉积物和岩石结构。随后，石油和天然气行业进行了震测勘探，在进行昂贵的钻井作业之前，地质学家能够判断出存在资源的地层。

右页上图：黄昏时分，在泰国东部最先进的林查班港，集装箱正被从船上卸下。

右页下图：桨叉架船在巴布亚新几内亚水域航行，这种设计已经有了数百年的历史。

人类的环球航行

大多数生活在地球上的生物都适应了以海洋为生，人类则不然。解剖学、生理学的研究，饮食习惯以及对空气和淡水的依赖都表明人类更倾向生活在陆地上。但不可避免地，人们还是被大海吸引。人类具有探索的天性，对探索地平线外未知事物的强烈欲望，推动着人类走向舒适的沿海水域之外的更广阔的海洋。

虽然海洋是一道难以逾越的屏障，但在有记载的历史中，它还是将人们和各种文化联系在了一起。19 世纪之前，人们利用风帆顺风航行，去到了广阔的海洋，这对于捕鱼、贸易、旅行和战争来说都至关重要。19 世纪中期，以煤炭为动力的汽船开始流行。20 世纪初，当石油动力发动机彻底改变了通往大海的交通方式时，人类文明又发生了变化。数以千计的帆船仍然是数百万人前往海洋的方式，但在 21 世纪，无论是 3 米长的小艇，还是 200 多米长的游轮、货轮和油轮，大多数远洋船都由石油或天然气提供动力。此外，还有一些船只和潜艇是由核能提供动力的。

尽管在出行之前进行了谨慎的准备，但仍旧无法阻止船只沉没。从 5 000 年前的独木舟残骸，到当下的海中某处，数以百万计的远洋船永久地在水下结束了它们的旅程。成千上万的船只在战争中沉没，还有更多的船只没能在风暴中坚持下来。即使在最近，有现代通信技术和卫星的持续追踪，大型船只有时也会消失得无影无踪。

为了避免葬身海中的可怕命运，人们一直在开发天文导航技术和精妙设计的设备，希望指引船只在海洋这条无标记的高速公路上安全航行。早在 11 世纪或 12 世纪，中国就被认为是第一个制造出罗盘来指示方向的国家，伟大的中国远洋航海先驱郑和很可能在 15 世纪的海上旅行中就已经使用了罗盘。

1519 年，葡萄牙贵族斐迪南·麦哲伦拥有欧洲最好的航海工具，当时他指挥 5 艘西班牙船只出发，寻找几乎不为人知的海洋的西部航线。至于导航，他有一个指南针，以及一个星盘（这是一种精巧制作的扁平多盘仪器，通常由黄铜或木头制成）。从公元前 200 年左右开始，星盘就在欧洲国家使用了几个世纪，它在计算纬度方面至关重要。克里斯托弗·哥伦布、瓦斯科·达·伽马等著名探险家都曾借助过这一工具。

18 世纪中期出现了六分仪，这是一种双镜装置，用于测量太阳

上图：无论乘坐的是赛艇还是货轮，航海者在风暴驱动的海洋中要不断探索、冒险，并且寻求机遇。

上图：在16世纪到18世纪的航海时代，像这艘英国护卫舰一样，很多军舰会为自己国家的商船护航。

和星星相对于地平线的高度，在确定纬度时很大程度上取代了星盘。不过，在确定经度方面，解决了关键问题的是英国钟表匠约翰·哈里森。他发明了一种可靠的航海天文钟，并于 1761 年首次进行测试，随即证明它可以让人在海上确定时间，同时，他还将这个时间与陆地上已知经度的时间进行比较，这一经度被指定为本初子午线。

20 世纪初，人们发明了陀螺罗盘，它使用旋转的陀螺仪跟随地球的自转轴指向正北方，而不是依靠磁力。现代指南针可以计算并调整磁力北极和地理北极之间的运动、变化和偏差。太阳的位置也可以确定方向，但 21 世纪的人类倾向于依靠手机、相机或车载全球定位系统来指引方向。

上图：这是7世纪的维京战船"奥塞贝格号"（Oseberg）的复制品。1904年，人们在挪威海域发掘到了这种装饰华丽的船，当时它已沉眠大海多年，这个复制品便是以这艘沉船为原型建造的。

潜入深海

海洋内波

"Tsunami"（海啸）是日语中的一个词，指拍向海港的巨浪，它的读音听起来相当平和，但这个名字背后所代表的滔天巨浪可绝不止如此。19世纪，日本艺术家葛饰北斋的木版画《神奈川冲浪里》的主题是超级巨浪，这与探险家欧内斯特·沙克尔顿在1916年对"海洋的巨大动荡"的描述不谋而合。

上图：神奈川冲浪里。

内波是另一种在全球范围内普遍存在的海洋运动方式，科学家们正在对其性质和具体状况逐步进行了解。当能量施加到不同密度水层之间的界面时，内波有时会比表面波上升得更高，最高可能达到60米。潮汐涌动（或与海山或海脊的接触）可以引发内部波浪运动。当温度或密度造成的现象（如温跃层）广泛存在时，内波可以运动数千千米，这一点就像表面波一样。内波在传递热量、能量和营养物质方面可能具有非常重要的作用，这对海洋生物来说意义非凡。

科学家进行的一项定量分析表明，内波的降温作用能够保护珊瑚礁免受变暖水域的破坏，但是在识别、映射和预测内波方面仍然存在着挑战。虽然目前的研究已经涉及在测试罐中制造波浪并模拟其理论行为，但实验室中的测算不能代表现实中海洋的复杂状况。

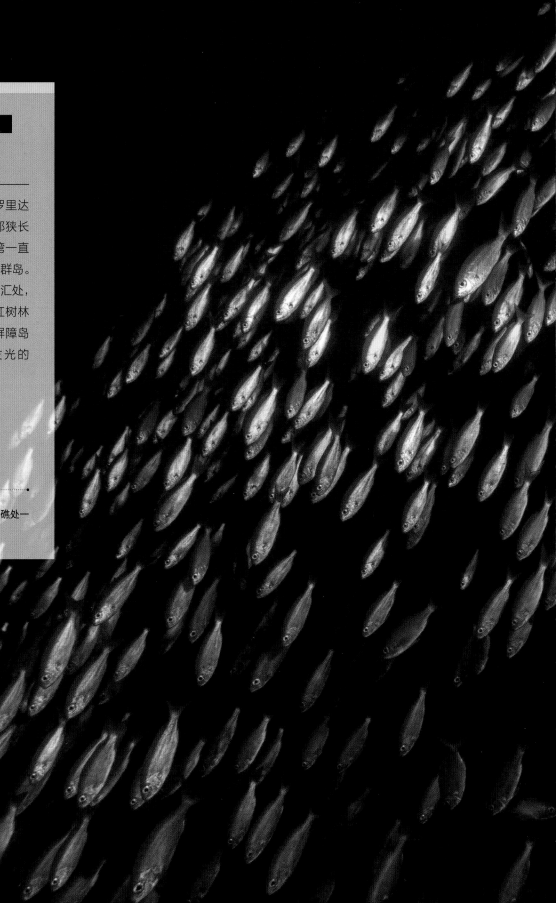

墨西哥湾

墨西哥湾位于佛罗里达州的海岸线上，从北部狭长地带的阿巴拉契科拉湾一直到半岛南端附近的万岛群岛。这里是海洋与陆地的交汇处，还拥有盐沼、小溪和红树林沼泽。此外还有一些屏障岛屿，沙滩上有闪闪发光的白沙。

本页图：墨西哥湾近海的深礁处一片生机勃勃。

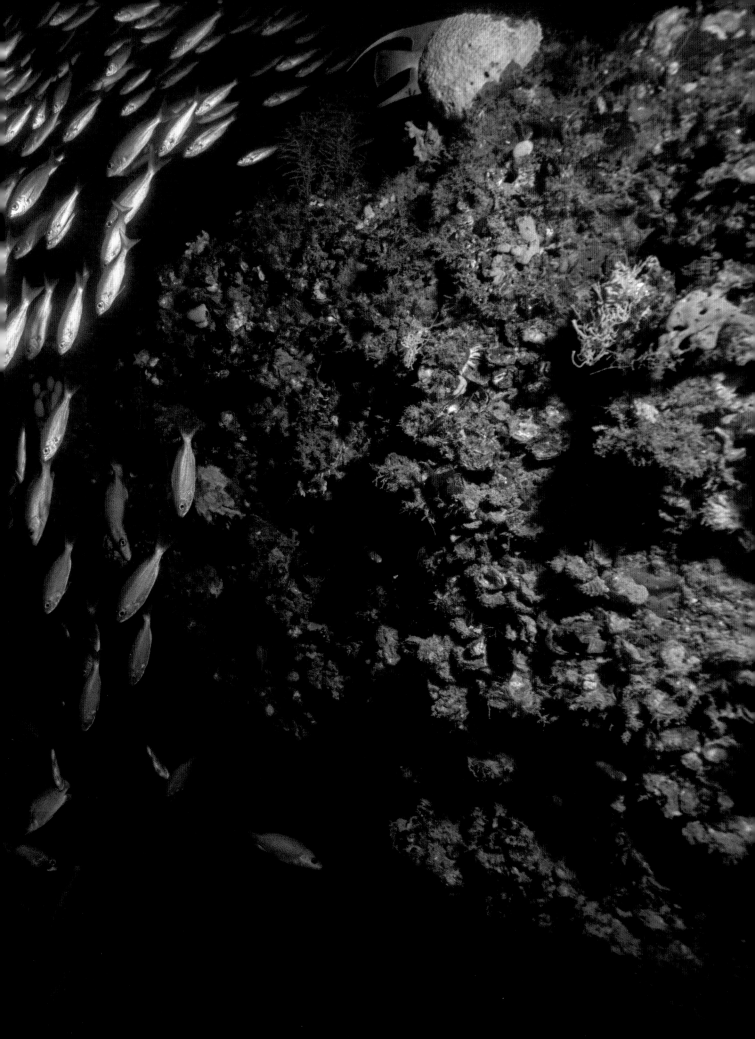

并非太大而不会衰退

纵观人类的历史，海洋似乎如此广阔，如此有恢复力，以至于人们认为它的能力是无限的，可以产出我们想要的任何东西，并接受我们丢弃的任何东西，这种想法也许并不奇怪。令人惊讶的是，即使 21 世纪已经出现了因人类影响而导致海洋衰退的证据，但海洋"太大而不会衰退"的神话依然存在。

海上石油和天然气开发对海洋产生了双向影响，一方面，基础设施进入海洋，然后开采、运输并加工石化产品；另一方面，化石燃料的意外泄漏和有时故意使用的有毒化学物质也会进入大海。燃烧石油、天然气和煤炭会产生过量的二氧化碳，这也是释放到空气和海洋中的极具破坏性的物质之一。在大气中，二氧化碳会让地球整体温度升高，海洋温度的升高更为突出。在海中，二氧化碳会形成碳酸，使海洋的酸性更高。温度升高会降低海洋保存氧气的能力，改变物种和生态系统的分布范围，同样也导致全球约一半对温度高度敏感的浅水珊瑚礁和巨藻森林消失。煤炭是烟尘的来源，烟尘落在海面上降低极地冰的反射率，并将煤烟中的汞送到海洋中。随后，细菌会将汞转化为神经毒素甲基汞，从而进入食物链（进入海洋动物和食用它们的人的体内）。

机动化航运、军事测试、地震勘测，甚至科学测绘都在向海洋中输入一种新的东西：高分贝噪声。海洋哺乳动物之间的交流早已为人所知，生物之间的交流具有极高的重要性，高分贝的声音对鱼类、甲壳动物、头足类动物和其他海洋生物会产生负面影响。人为干扰正常的动物交流，并用航运、钻井、声呐和地震勘测产生的声音直接杀死生物，虽然这些噪声并非本意，但对海洋生物来说代价巨大。

从水下开采沙子和泥浆，用来补充受侵蚀的海滩，也可用作建筑材料，以及在深海中开采矿物：所有这些都意味着"输出"，但也意味着会"输入"噪声、细小的颗粒、让生物窒息的沉积物，这给敏感的底栖生物带来伤害。几个世纪以来，沿海地区一直受到采矿和所谓的填海活动的干扰，现在人类又看中了海底热泉喷口周围的锰结核和矿物结壳，还想开采喷口内的金属和矿物，这些数百万年前形成的古老地区本来不受人类的干扰，现在却面临着人类带来的威胁。

下图：这只红海龟是每年被废弃渔具困住的数千只海龟之一，它们的命运大多是死亡。

给海洋做减法

在人类历史的大部分时间里，人类无法深入海洋，因此绝大多数海洋生物受到的干扰很少。自20世纪50年代以来，这种情况发生了巨大变化，因为新技术的产生，人们能够寻找、捕获到越来越多的海洋哺乳动物、鱼类等海洋生物，并且最重要的是，有越来越多的消费者会购买这些产品。

甚至在20世纪之前，渔民就已经深入到沿海海洋野生动物的领地中，他们被迫冒险，往越来越远的地方去寻找和捕捉猎物。赫尔曼·梅尔维尔的经典著作《白鲸》便是基于历史上在岸上工作的捕鲸人的故事，但到了19世纪中期，在捕尽了大西洋鲸之后，捕鲸人又去往了地球另一端的科隆群岛附近作业。尽管渔民们已经开始抱怨渔获量下降了，但是海洋资源是取之不尽的观念仍然难以动摇。

此外，还有一种根深蒂固的观念，只有能够交易赚钱的海洋生物才是有价值的，无法销售的物种被嫌弃地称为"低值杂鱼"。拖网捕鱼是一种广泛使用的捕鱼方法，它使用拖网拖过海底，不加区分地捕捞路线上的任何东西。鱼、无脊椎动物和海藻被视为麻烦的"兼捕渔获物"，无论是通过长线、陷阱还是拖网，低值的渔获数量总是远远超过那些用来销售的高值鱼。即使人们一致同意，海洋的最佳用途是从中获取野生动物作为食物和商品，但是，目前使用的方法还没有达到，并且可能永远无法实现理想的"可持续产量"。海洋动力学、生物史以及生态系统自然起伏中有很多复杂现实状况，其中的原因还有待发掘。

1989年，全球捕捞量达到了9 000万吨的高峰，自那之后，捕捞量一直在下降。尽管如此，海洋生物仍然是全球最大的野生动物贸易对象，其中大部分是合法的。越来越多的证据表明，无论是鲸、鳕鱼还是磷虾，任何形式的生命都不能长期适应人类现有的捕捞规模。

上图：海洋中的塑料垃圾。

下图：兼捕渔获物是一种意外捕获。图中的捕虾船意外收获了很多鳐鱼和犁头鳐，随后人们便将它们扔回到了海里。

捕鱼活动

　　由于2015年联合国通过的可持续发展目标计划（SDG），催生了新的渔业和水产养殖政策，全球渔业蓬勃发展，亚洲国家的捕捞量约占世界的70%。

捕捞量大

捕捞量小

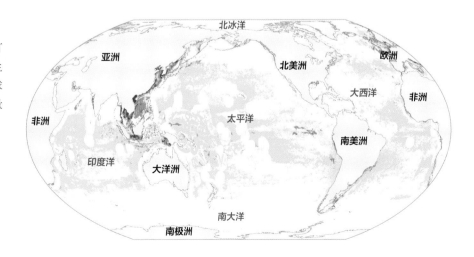

"绿色经济"的底色

　　"绿色经济"这个概念源于 20 世纪，主要针对在人口急剧增加，同时支撑人类文明的自然系统（空气、水、土地和野生动物）正在快速恶化的情况下，如何保持经济的增长和良性发展，以及如何维持社会公平。"绿色经济"的大部分重点都放在陆地和陆地自然系统上。作为陆地生物，我们在很大程度上认为利用海洋是理所当然的，并且无论是交通运输、资源获取还是处理废物，我们都不需要付出任何代价。这种想法需要革新了。现在，"蓝色经济"的概念正在兴起。

　　地球的资源显然是有限的，但直到 20 世纪中叶，各国的政策制定者们才开始认真对待增长的极限问题。增长的限制与人口数量以及维持文明延续所需的能源和材料有关，还需考虑从地球和海洋中提取多少资源才不会造成不可挽回的伤害。

　　人类一贯的目标是拥有地球并消耗资源，这导致了看似矛盾的术语"可持续发展"的出现。1969 年，在国际自然保护联盟主持下，33 个非洲国家签署的文件中首次使用这一说法。可持续发展可以定义为"在不损害地球资源或生物有机体的情况下，能够造福于当代和后代的经济发展"。这是一项艰巨的任务，因为从陆地和海洋中获取的东西是无法替代的，比如数十亿年前沉积的矿物资源、起源于数亿年前的化石燃料、50 万年前形成的错综复杂的珊瑚礁系统、1000 年前还是幼苗的红杉树，或者 4 个世纪前出生的格陵兰鲨鱼。

　　从大象、海豚和鹦鹉到灵长类动物，地球上很多动物的智慧都令人赞叹不已，但只有人类有能力利用数千年来积累的知识，在全球范围内分享信息，并以知识为武装，在全球范围内预测未来。1972 年，罗马俱乐部委托编写了一份名为《增长的极限》的报告，报告中用计算机模拟了在有限资源供应下，全球的经济指数增长和人口增长。纵观历史，家庭、城市甚至国家都在审视自己的资产，考虑过去的趋势，并据此制定未来的计划。但该报告首次引入了全球系统的概念，在该系统中，每个人和所有事物都与其他人和其他事物紧密相连。

　　"绿色经济"的底色是"蓝色经济"。那么什么是"蓝色经济"？作为一个在世界范围内广泛使用的术语，它具有三个相关但不同的含义：海洋对经济的总体贡献，解决环境和生态可持续性问题的必要性，以及海洋经济为发达国家和发展中国家提供了经济增长机会。

上图：色彩斑斓的海底居民，一种裸鳃类软体动物。

右页图：1970年之前，迪拜的杰贝阿里港还有驳船航行，如今，该港口是世界第十二大集装箱港口。

计算海洋的健康程度

每年都通过分析来自220个国家和地区的数据，来衡量海洋的健康状况。这张地图显示了19个压力源的影响，包括生态、经济和政治压力，其中旅游业和粮食生产居首位。

人类对海洋的影响

高　　　　　低

无数据

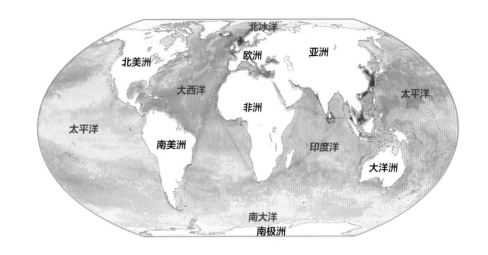

正是最后一点，经济增长机会，吸引了最大的关注和最多的投资。如果将自然区域改造成住宅区或停车场，而不是保留原有的沼泽或天然海滩，那么，"未开发的海滨财产"一词意味着更人的价值。海洋中的空间现在正成为水产养殖圈和海上风电场的目标，从而使"未利用的海洋"变得更为有用。

2015年，世界自然基金会采用传统措施，将主要的海洋资产的价值估计为超过24万亿美元，并指出，渔业现在已经过度开发，但水产养殖和海上风力发电仍有经济增长空间。同年9月，联合国大会以"不让任何国家掉队"为主题，通过了17个2030年的可持续发展目标。

第14个可持续发展目标事关海洋生物，指的是可持续地管理和保护海洋及沿海生态系统免受污染，并解决海洋酸化的影响，同时承认海洋在影响气候、天气、温度和化学等方面的作用。

左页图：哥斯达黎加蝙蝠群岛的受保护水域拥有无数的物种，包括这些正在"学习"的六带鲹。

伟大的探索

海岸守护者

只要人类存在，基本上就有沿海定居者发现、欣赏、开发和保护海洋的故事。2016年，在印度尼西亚弗洛勒斯岛不起眼的梁布亚洞穴中，考古学家发现了距今84万年前的石器，以及约70万年前人类的下颌和牙齿。这里与亚洲大陆相隔24千米的水域，这些弗洛勒斯人可能是第一个穿越海洋、定居新海岸的人类。

最近探寻历史的方式包括用放射性碳定年法测定文物年份，还有使用计算机模拟早期种群、古代海平面和海底地形。在一个案例中，考古学家估计，大约50 000年前，在海上航行的移民可能已经勇敢地从东南亚出发，到达了澳大利亚的水域。2016年，研究人员发现了具有23 000年历史的鱼钩，由蜗牛壳和35 000年前的鱼和人骨制成，研究人员由此确定，曾经有人类生活在那里，并且还曾在那片水域捕鱼。

下图： 来自寻路圣地萨塔瓦尔岛的水手们驾驶托架小船穿梭于波利尼西亚的水域。

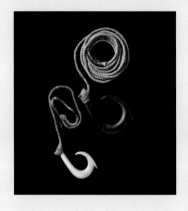

上图：由龟壳制成的鱼钩具有数百年的历史，它象征着安全的海洋通道。

右图：渔民在波利尼西亚的土阿莫土群岛海岸自由地潜水。

加利福尼亚州的海峡群岛国家公园是美国国家海洋保护区，很可能在 15 000 年前迎接过从亚洲越过白令陆桥的移民。但在其中一个岛上，人们发现了烤过的矮猛犸象骨，这说明，人类可能早在 25 000 年前就已经来到了这里，也许还是乘船而来。

大约 6 000 年前，澳大利亚北领地沿岸的土著居民开发了可持续的捕鱼方式，直到今天仍在沿用。面对现在的气候变化和海平面上升，他们妥善地管理着他们称之为海洋庄园的渔场。

从 850 年前开始，新西兰毛利人部落纳塔胡一直遵循着可持续资源管理的理念。他们现在的支柱产业包括观鲸旅游业，因此，他们一直坚持在凯库拉海岸巡逻，保护这个年轻雄性抹香鲸的栖息地，同时防止人类活动对这里造成伤害，并尽可能解决环境问题。

大西洋沿岸的人类历史主要是商业和战争。在北海，人们于 2019 年发现了一艘 1540 年的商船，里面装满了可能用来制造荷兰第一枚铜币的铜板。在马萨诸塞州海岸外的斯特尔威根海岸国家海洋保护区，发现了历史悠久的沉船残骸，这些沉船代表了当时致命的海洋状况。不过，在今天，这些残骸却发挥着人工礁石的作用，为座头鲸、小须鲸、逆戟鲸和极度濒危的北大西洋露脊鲸提供了庇护之所。

在 21 世纪的海洋保护区中，古代沿海文化的印记展示了长期以来人类与海洋交织在一起的命运，还有对海洋的敬畏之心。现在，华盛顿的奥林匹克海岸，是美国的国家公园和国家海洋保护区。早期生活在奥泽特湖的印第安玛卡人在海岸边的岩石上雕刻描绘了一头破浪的鲸，象征着人类与海洋的永恒联系。

时间线

海岸情缘

84万年前：早期人类可能已经开始在印度尼西亚的弗洛勒斯岛捕鱼。

6万年前：早期的非洲人可能已经越过红海到达亚洲。

5万年前：第一批人类到达大洋洲海岸。

4万年前：加利福尼亚海峡群岛的居民可能将矮小的猛犸象作为食物。

2万年前：冰盖锁住了地球的水，海平面因此降低，当时人类定居的一些地方现在已经被水淹没。

1.7万年前：冰盖减小，海平面上升；日本海岸的人们使用带刺的钓鱼飞镖，类似于后来在美国加利福尼亚州、秘鲁和智利发现的飞镖。

1.5万年前：海峡群岛上的人们建立了丘马什人和通瓦人的国家，他们开发了复杂的海上贸易体系。

6 000年前：澳大利亚原住民在北海岸建立了渔港，其中一些位于离岸80千米的珊瑚礁和岛屿上。

公元前850年：新西兰毛利人形成可持续捕捞的惯例。

1540年：载有荷兰铸币铜板的商船在荷兰海域沉没；后来在2016年发现了荷兰水域最古老的沉船。

1975年：国际自然保护联盟规划全球海洋保护区。第一个美国国家海洋保护区监测站成立。澳大利亚大堡礁海洋公园成立。

2016年：24个国家和欧盟指定了世界上最大的海洋保护区，即南极洲的罗斯海。联合国的目标是到2030年使30%的海洋得到充分保护。

第九章

海洋与气候

climate—it's about the ocean

作为被空气包围的陆地生物，在100年前人类完全有理由将大气作为影响地球气候的主要因素。但是今天，现实很清楚：海洋才是那个主要因素。虽然大气的性质是塑造气候和地球宜居性的基础，但考虑到所有因素，最重要的是地球上97%的水（即不包括在地球深处的岩石中的水），也就是海洋。太阳到达地球的能量大部分被海洋吸收，海洋吸收热量的能力是大气的1000倍。

全球86%的蒸发和78%的降水发生在海洋上空。海洋的存水量是陆地的23倍，是大气的100万倍，海洋的海-气通量比陆地大很多倍。由洋流带动的冷水和暖水的运动塑造了陆地和海洋的气候，而从海洋蒸发到大气，再返回海洋的水量，在很大程度上取决于海洋的温度和盐度。气温升高会影响支撑气候和天气的水循环，影响从风暴到洪水和干旱，乃至地球上生物的整体分布。

数十亿年来，海洋中的生命将地球早期主要由二氧化碳组成的大气转化为我们今天呼吸的大气，其中包含了非常稳定的氧气、氮气和刚刚好的二氧化碳，其中二氧化碳与水、阳光和植物中的叶绿素为光合作用提供动力，并提供了一个足够坚固的保温罩，使地球成为各种生物的宜居地。对化石、冰芯、深海沉积物等物质的分析揭示了过去的气候性质。

近几十年来获得的证据证实，目前全球气温上升与大气中二氧化碳和甲烷含量的增加有关，其中原因包括采矿、禽畜业以及燃烧煤炭、石油和天然气。森林砍伐、土地开发和过度捕捞破坏了自然的碳捕获过程，更加剧了气温上升。我们可以将海洋视为地球气候的基础，以人类的活动为镜，找出当前气候遭到破坏的原因。

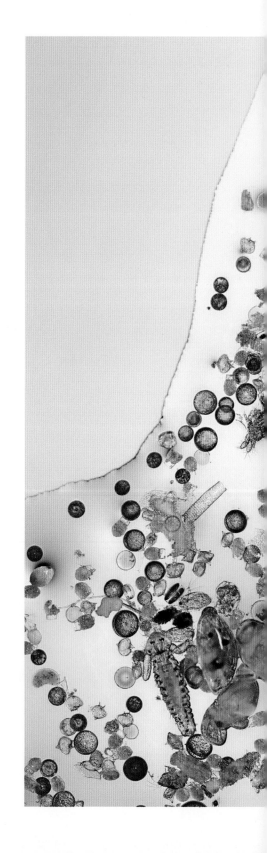

右图： 一汤匙海水中含有数以百万计的微小细菌和其他浮游生物。

第252—253页图： 在南大洋，冰山随着风和水流漂流，上面还载着乘客们——帽带企鹅。

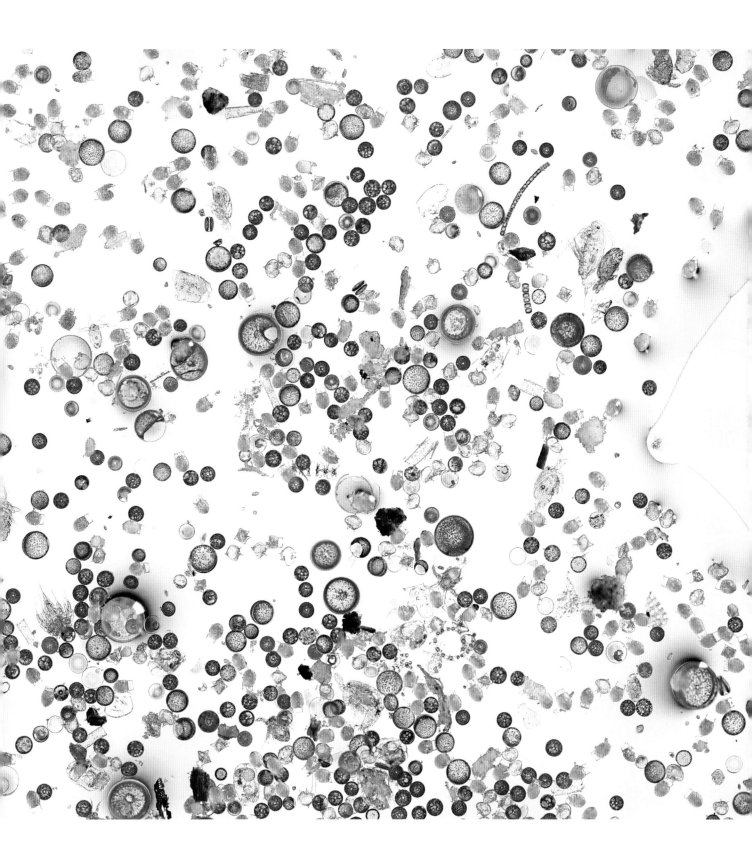

海洋影响气候

就像侦探大师能将跨越世纪的线索联系起来一样，气候科学家、海洋学家、地质学家、生物学家、历史学家和人类学家也能如此，他们逐渐将秘鲁海岸洋流的周期性规律与其对全球人类事务的巨大影响之间的联系拼凑了起来。印加人在秘鲁沿海和高山生活了数千年，他们熟悉洋流 2—7 年的周期。1525 年，征服者弗朗西斯科·皮萨罗也注意到了秘鲁沙漠中的异常降雨。科学家借助许多学科的进步和 20 世纪的技术，了解了海洋和大气条件如何共同形成了厄尔尼诺及相对应的拉尼娜，它们合起来被称为厄尔尼诺-南方涛动（ENSO，简称恩索）。与此同时，科学家们还注意到了这些现象对全球的影响。1982 年，科学家们记录了一次强大而温暖的厄尔尼诺事件，它在美国加利福尼亚州引发了暴风雨、泥石流和洪水，北美和欧亚大陆的大部分地区出现了异常温暖的冬季，印度尼西亚和澳大利亚则发生了干旱，秘鲁沿海的沙漠地区出现了降雨。现在已知，恩索的来回转变是地球上最具影响力的自然气候模式，它影响着全球的天气。解开了恩索的奥秘使人们关注到了一件事情，那就是海洋和大气是一个综合系统，任何地方的变动都会对全球产生影响。现在看来，这是一件显而易见的事情。

自 17 世纪以来，人们已经开始从陆地收集温度、湿度等数据，但卫星的出现，能够从太空收集数据，使得人类对地球大气和海洋表面的动态性质有了前所未有的了解。甚至在苏联的"斯普特尼克 1 号"卫星在 1957 年开始绕地球运行之前，人类就已经有将相机送入太空的计划，希望观察云层的状况，改进天气预报的方式。到 1959 年，美国第一颗气象卫星"先锋 2 号"发射，为 1960 年发射的"泰罗斯 1 号"（电视和红外观测卫星）气象卫星铺平道路，"泰罗斯 1 号"也被认为是第一个能够遥感地球天气的系统。从那时起，极地轨道卫星已经发射升空，开始在全球范围内测量海洋表面温度、大气温度和湿度以及海洋动力学的相关数据，这些数据对于天气和气候的研究与预测来说至关重要。此外，地球静止卫星（由科学家和科幻小说作家亚瑟·C.克拉克在 1965 年提出，并在 20 年后成为现实）现在悬停在赤道上的一个固定点上，其移动速度与地球绕其轴旋转的速度完全相同。这些卫星只能看到地球的一部分，但它们可以持续观察移动中的天气模式，比如飓风。

上图： 在1997—1998年的厄尔尼诺年，飓风"琳达"袭击了墨西哥。

右页图： 2009年，飓风"艾拉"将堤坝夷为平地，整个孟加拉国受洪水侵袭。

气候对海洋的影响

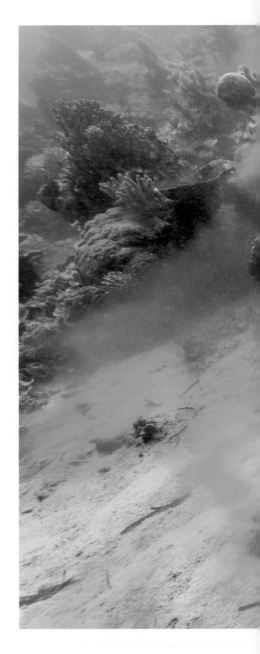

20 世纪 50 年代，人们曾经认为，无论燃烧多少化石燃料，排出的二氧化碳都不会在空气中停留太久，而是会被海洋吸收，最终被送入深海。不过，基于对海洋化学的研究，罗杰·雷维尔和汉斯·苏斯提出了不同的观点。1958 年，在一份联合报告中，他们证明："人类释放的大部分二氧化碳将被带入海洋，但留在大气中的那部分对未来气候影响重大"。

地球化学家查尔斯·基林开发了一种方法，能够精确测量大气中的二氧化碳含量。在莫纳罗亚天文台，他展开了对陆地和海洋上的气体的大范围测量。1958 年，基林第一次在那里进行记录，自那之后，这个天文台一直在定期报告测量结果，稳步收集信息。其测量结果以图形的方式画出，其中显示，二氧化碳的急剧上升（"基林曲线"）与全球气温的上升有着密切的关系。

除二氧化碳外，另外两种气体因其吸热特性而著称：一氧化二氮（N_2O）；甲烷（CH_4），通常被称为"天然气"，是一种广泛使用的能源，也是从微生物到牛、羊和人类等生物消化时产生的副产品。二氧化碳在大气中持续存在数百年，一氧化二氮是 114 年，甲烷约 12 年，但它们的影响各不相同。据估计，甲烷吸收热量的效率是二氧化碳的 80 倍。一个一氧化二氮分子与 300 个二氧化碳分子具有相同的温室效应能力，但空气中的一氧化二氮约是二氧化碳的 1/1 000。

上图：因为营养成分增加和鱼类减少，某些种类的藻类铺满了曾经健康的珊瑚礁。

左图：在海水变暖的压力下，大堡礁珊瑚失去了它赖以为生的藻类。

潜 入 深 海

水瓶座水下实验室

位于佛罗里达州基拉戈岛的水瓶座水下实验室累计已有数百名研究人员在其中生活和研究，虽然实验室内部干燥，但他们日夜都会游进周围的实验室——活珊瑚礁。多年的研究让他们获得了有关珊瑚礁生态、行为和生理学的长期数据，也增加了人们对于珊瑚礁的了解，包括对自然栖息地中的个体珊瑚、海绵和鱼类的详细研究。

自1991年以来，美国国家航空航天局一直使用水瓶座水下实验室来执行其极端环境任务操作（NEEMO）模拟任务，派出一队航天员来模拟人类的太空飞行任务。两种环境中的失重和孤立是极为相似的，但在水瓶座水下实验室周围有许多在太空中不会遇到的干扰，比如好奇的梭鱼和鱿鱼，还有会发光的浮游生物。

地球上的大部分甲烷由生物活动产生，主要储存在沼泽、北极土壤和海底数百米厚的沉积物中。在海中，甲烷会以气体水合物的形式存在。这是一种由水和甲烷组成的结晶固体晶格，看起来很像冰。然而，这种冰可以被点燃，因此又被称为"可燃冰"。当渔民在深水用拖网捕鱼时，大量的甲烷冰会发出噼啪声和嘶嘶声，被带入网中后，甲烷会消散到空气中。

据说，在储量方面，甲烷水合物矿床是一种比世界上所有石油、天然气和煤炭资源加起来还要大的碳氢化合物资源。可以理解的是，海洋变暖可能会引发甲烷的释放，目前它们由于深海的压力和低温而保持稳定。从深海排放的甲烷在到达海面之前大部分可能会被氧化，但人们仍然担心随着海洋变暖，大量的甲烷将会被释放出来。

左页图：在海底，甲烷蠕虫在冰状甲烷沉积物或水合物中定居，并以细菌为食。

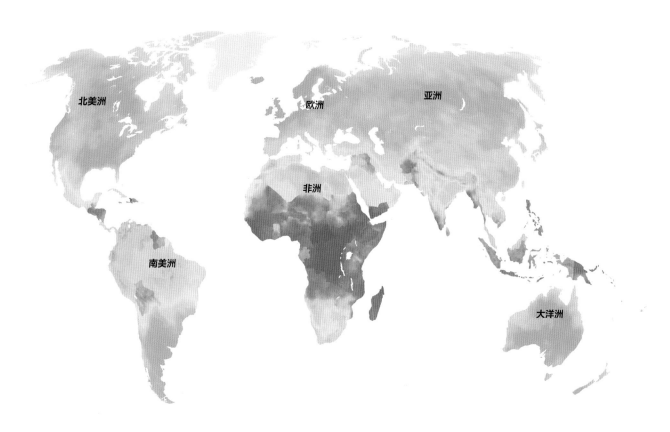

气候变化

研究表明，气候变化带来的影响取决于一个国家的贫困状况、人口增长、基础设施和其他因素，其中非洲的风险最高。

气候变化带来的影响

严重　　　　不严重

无数据

气候变化的历史

气候变化被认为是逐渐发生的，有时比现在冷得多，有时比现在热得多，其特点是气候偶尔会突然发生变化，伴随而来的是全球范围内的大量生物死亡。在过去的 5 亿年中，发生了 5 次异常的灾难性事件，导致 75%—90% 的物种灭绝。通常认为最大的原因是火山爆发，它引发了地球碳循环的重大变化。火山周期性地向大气中喷出大量吸热气体（二氧化碳和甲烷），导致全球变暖、海洋酸化和海洋中溶解氧的流失。

在 4.4 亿年前的奥陶纪末期和志留纪初期，发生了第一次集群灭绝。当时冰川的形成使地球降温，海平面降低了数百米。3.93 亿—3.59 亿年前出现了泥盆纪灭绝，大约 75% 的物种在海洋变暖加剧和氧气含量减少的情况下消失。2.5 亿年前出现的二叠纪–三叠纪灭绝则消灭了地球上 96% 的生命。那次灭绝（被称为"大灭绝"）是由西伯利亚火山喷发造成的。当时，火山向大气排放了约 14.5 万亿吨的碳。接着是三叠纪，地球变暖，二氧化碳含量翻了两番。

2.32 亿年前，长时间温暖潮湿的气候可能推动了恐龙的崛起，并彻底改变了地球上的生命历史，由此迎来了侏罗纪时期。1 亿年前，恐龙在现在的北极狐和雪鸮的王国中漫游，南极现在冰冻的地形曾经是两栖动物的地盘，鲨鱼与曾经的大型捕食性鱼龙、长颈蛇颈龙和巨型海龟共享同一片海洋。

当一颗小行星以每小时 70 000 多千米的速度穿过地球大气层时，那个时代突然结束。当时，陨石降落在今天墨西哥尤卡坦半岛的西部边缘。撞击留下了一个直径近 200 千米宽的陨石坑，产生了巨大的海啸波，并向大气层喷射了大量的碎片、灰尘和硫黄，以至于阻挡住了太阳的光线，导致地球迅速变冷。印度德干暗色岩的火山喷发可能是由小行星引发的，并且加剧了这次撞击的影响。

恐龙终结后哺乳动物登上舞台，生物的多样性日益增加，其中也包括我们很久以前的祖先。从那时起，冰期来了又去，最近的一个时期是第四纪冰期。人类现在改变了地球的碳循环，其后果是可预测的。

读懂厄尔尼诺的过去

太平洋沿岸国家的气候科学家和考古学家正在利用各类样本（古代海洋岩心样本、软体动物和鱼类遗骸以及农田标本）来寻找气候变化与厄尔尼诺事件之间的历史联系，并探究它们对人类的影响。2020年的一份报告称，秘鲁海岸可能有最大的线索。

研究人员已经确定，在全新世时期较温暖的年份，秘鲁和智利沿岸的海面温度上升，厄尔尼诺现象扰乱了水域，像用一个温暖的罩子盖住了这片水域，并减少了将大量鱼类带到水面的冷水上涌，渔民生活艰难。在那几年之间，较冷的拉尼娜现象带回了寒冷的上升流，渔民们因此又过上了富足的生活。

上图：拉尼娜期间繁忙的渔民们。因为沿海上升流促进了冷水和重要的营养物质的形成，有利于鱼儿的生长。

右页图：面对超过3.5亿年的自然灾害，鲎这个物种得以幸存。在特拉华湾，它们濒临灭绝的后代正在产卵。

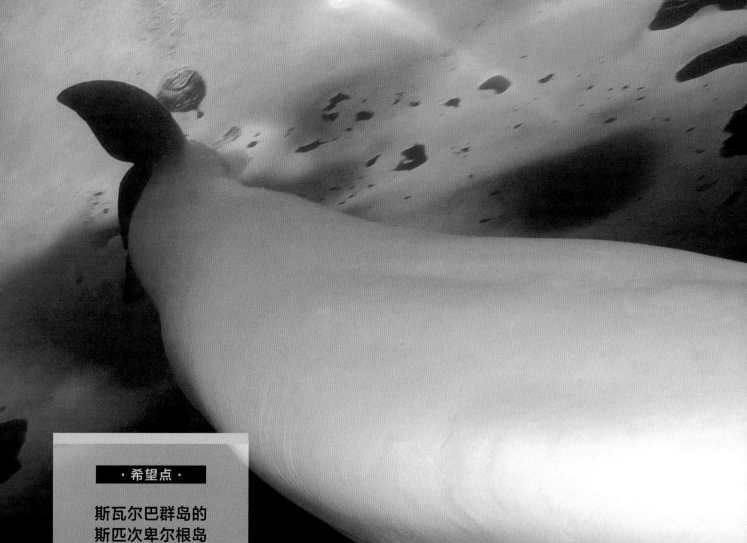

斯瓦尔巴群岛的
斯匹次卑尔根岛

斯瓦尔巴群岛位于挪威大陆和北极之间，是一个拥有壮观冰川和高山峡湾的仙境，所在的水域海洋物种丰富。17—18世纪，这里是一个捕鲸港。群岛中最大的岛屿是斯匹次卑尔根岛。在这个北冰洋、挪威海和格陵兰海的交汇处，栖息着很多海鸟（比如海雀、海鹦）和哺乳动物（比如驯鹿、北极熊，以及海象、格陵兰海豹和小须鲸）。

本页图：尽管北极水域不断变化，但白鲸仍然在坚强生活。

气候变化的后果

如果想要了解目前气候变化的规模，我们首先需要了解在人类历史上气候是如何变化的。根据美国国家航空航天局 2020 年的气候总结报告，在过去的 65 万年中，冰川发生了 7 次进退循环，主要原因是地球倾斜角度的微小变化改变了北半球所接收到的太阳辐射量。现代气候时代开始于大约 11 700 年前，与人类文明的进步相吻合。

没有证据表明，过去两个世纪前的人类活动与海平面上升有明显关系。然而，自 1800 年以来，人们的行为与全球变暖、海平面迅速上升以及自然系统的许多根本性变化之间存在着明显的相关性，而恰恰是这些自然系统使地球成为人类宜居的星球。

在过去的 80 万年中（包括后来相对稳定的 11 700 年前），大气中二氧化碳的含量发生了变化，但从未达到近几十年来的水平。2020 年，美国国家海洋和大气管理局发布的报告称："上一次大气中的二氧化碳含量达到 2018 年的水平，即 407.4ppm（ppm 为百万分率），是在 300 多万年前，当时的温度为 2—3℃……高于前工业时代，海平面则比现在高 15—25 米。"凭借其吸收和储存二氧化碳和热量的能力，海洋已成为临时的缓冲区，以应对更迅速和极端的气候变暖。海洋带来的好处是显而易见的，但也伴随着代价。随着温度升高，极地冰融化，水量增多，海平面因此上升。更温暖的水则会使风暴变得更加频繁、强大。

2020 年 6 月出现了一则头条新闻，位于北极圈以北 10 千米的俄罗斯西伯利亚小镇维尔霍扬斯克创下了最高气温纪录：38℃。尤其令人震惊的是，自 1896 年以来，维尔霍扬斯克一直保持着世界上有人居住地区的最低气温纪录（零下 67.7℃）。仅靠一天也许并不能确定趋势，但是成年累月的测量温度足以展示气候的变化趋势。从公元 1 年到 1950 年，地球每年的平均气温相差不大。但自 1950 年以来，几乎所有年份都变得异常温暖，而且温度上升幅度也要大得多。

过去，异常火山活动释放的二氧化碳导致地球急剧变暖，同时导致海洋酸化、海洋脱氧和全球生物的大规模死亡。目前，人类燃烧化石燃料每年向大气中注入数十亿吨温室气体，效果与火山喷发类似。

到处都是气候迅速变化之下的惨淡面貌：从格陵兰冰川破碎到珊瑚林白化；风暴变得更频繁也更加猛烈；一些海洋物种迁移到更

海洋环流正在放缓

自 20 世纪中叶以来，专家们注意到，海洋的全球传送带可能需要"上点油"了。几十年来，它的速度减慢了约 15%，正在对海洋以及人类的健康造成严重破坏。

为什么会这样？随着大气中二氧化碳含量的上升造成的气温升高，格陵兰冰盖融化，淡水流入海洋。通常情况下，格陵兰岛以南的沉重、寒冷的海水会下沉，推动环流深入海洋并向南移动，但较轻、新鲜的融水不会下沉，这会导致输送系统减速，影响全球的洋流和气候。例如，这种减速加剧了 2011 年美国东海岸"艾琳"和 2012 年"桑迪"等超级风暴，这些飓风席卷了北大西洋沿岸的各个国家。

科学家预测，如果环流目前的速度继续减弱，它将改变所有与大西洋接壤的国家的温度和天气模式——这意味着美国海岸将出现破坏性更强的风暴，此外，海平面会上升，堵塞北大西洋航道的冰山开始融化，欧洲冬天会更冷，夏天会更热，赤道周围的降雨模式会不断变化。

上图：2012 年，飓风"桑迪"在新泽西海岸肆虐。

凉爽的新栖息地……伴随而来的是，其他物种受到人类捕食、海洋污染和栖息地破坏的影响而迅速灭绝。

　　2019 年 5 月，联合国的一份报告预测，如果当前的气候趋势、栖息地丧失、环境污染和人类对野生动物的掠夺有增无减，那么将有 100 万个物种面临灭绝的风险。有人预测，到 21 世纪末，世界上一半的物种可能会消失。伊丽莎白·科尔伯特在她的《大灭绝时代》（*The Sixth Extinction*）一书中警告说："历史上有五次大灭绝。这一次，我们即灾难。"

下图：北极研究人员测量变暖效应，包括空气湍流。

面临危机的海洋

目前，作为能源的化石燃料密集燃烧导致了大气中二氧化碳水平的迅速上升，这从根本上改变了海洋的化学成分，使地表水的酸性更高。直接的结果便是海洋酸化的趋势。这是大气中二氧化碳的迅速增加以及自然碳捕获量和固存量的减少所造成的。

在太平洋西北部，牡蛎养殖者正在努力应对因海洋酸化而造成

的牡蛎幼体的损失。海水酸化也影响了球石藻（在调节气候中起主要作用的浮游生物）的壳的形成。虽然整体不太明显，但影响深远。这些微小的生物通过钙化和光合作用形成了水生营养链的基础，并且调节了大气和海洋二氧化碳的水平。它们的单个细胞被一层层由碳酸钙制成的花边圆盘覆盖，这些圆盘聚集的数量非常多，这也反映了以它们为代表的生物在海洋深处固存碳的主要手段。

矛盾的是，二氧化碳的增加似乎与北大西洋部分地区的球石藻异常大量繁殖有关。根据多片海域的数据分析，它们的数量在1965—2010 年增加了 10 倍。有孔虫是另一种具有碳酸钙外壳的浮游生物，也很容易受到海洋酸度增加的影响。如果温度和酸度继续升高，预计某些物种将在未来几十年内灭绝。

翼足类大部分是一群被称为"海蝶"的海生蜗牛，生活在北太平洋和南极洲周围水域，现在已经陷入了困境。随着海水酸度的增加，它们螺旋状的贝壳变得越来越脆弱。虽然它们个头不大，通常不到 1 厘米长，但从总体来看，它们对海洋食物链有着很大的影响。它们是极其重要的"中间人"，向下可以吃微小的藻类和浮游动物，向上则可以成为鱼、鸟和其他不能直接以微型浮游生物为食的动物的食物。

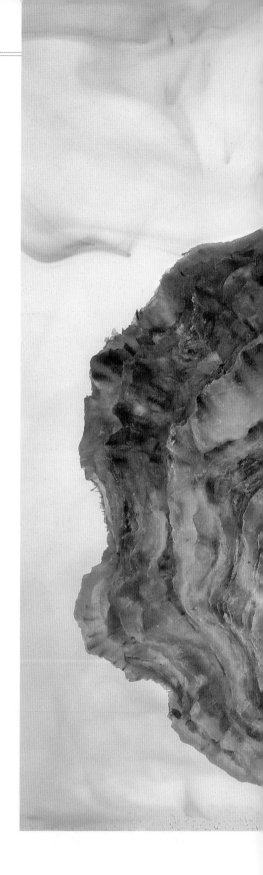

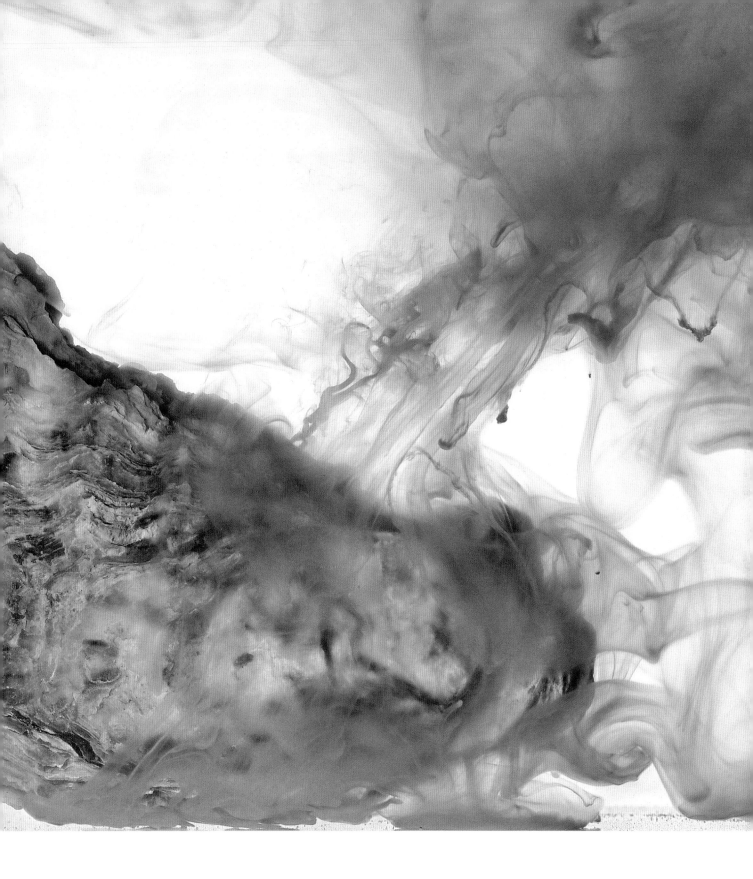

上图：一只太平洋牡蛎正在释放其浑浊的精液。

左图：海蝶是一种带"翅膀"的软体动物，在酸性海洋中几乎没有抵御能力，图中是它的碳酸钙壳。

对海洋生态系统稳定性的另一个威胁是脱氧，也就是海洋广阔区域的氧气损耗。溶解氧往往在海洋表面附近含量最高，随着深度增加而不断减少。在某些地区，特别是美国大陆西海岸沿线，水流和生物活动在水下200—1 500米深处的结合形成了称为最小含氧带的区域。在那里，氧气从正常范围的每升4—6毫克下降到每升2毫克。

海洋中氧气的实际浓度变化很大，这取决于温度、水流、带有水蒸气的风以及正在发生的耗氧活动的规模。由于温水比冷水含氧量少，所以地球变暖意味着海洋保留自由氧的能力在降低。全球变暖还会导致海洋层结加剧，阻止了地表水和深海水之间的融合。

在氧气含量相对较低的地方，依然有着相当数量和丰富种类的生物。我们需要进一步监测深海中的氧气含量和生活在那里的动物的需求，这样才能更好地了解深海中的生物多样性。许多种类的微生物在没有氧气的环境中也能健康存活，但海星、海参、多毛类蠕虫、海葵等无脊椎动物则需要一定量的氧气。深海鱿鱼、章鱼和鱼类以及海洋中大部分其他生命的氧气需求量尚不可知。然而，我们所知道的是，由于人类活动，海洋中的氧气含量总体呈下降趋势，其背后的原因不仅仅是温度的升高。

20世纪50年代以来，越来越多的化肥和合成农药应用于大型农场以及草坪、田地和高尔夫球场，随后被河流和地下水带入大海，导致沿海地区形成了数百个死区。硝酸盐和磷酸盐含量的增加有利于少数物种的大量繁殖，而这些物种会迅速耗尽可用的氧气，导致从小型甲壳动物到大型鱼类的其他生物无法呼吸。几十年来，因人类活动而形成的死区数量从0增加到了500余个。

近几十年来，浮游植物的总体数量有所减少。根据对全球数千个样本的调查，自1950年以来，浮游植物的数量下降了40%。地质变化以缓慢的速度发展，随着时间的推移，有新的物种生成，也有旧的物种灭绝，但基本的行星系统的快速变化令人担忧。随着海洋温度和化学性质发生变化，可以生活在海洋中的生物的数量和种类也会随之变化。生存还是灭绝完全取决于生物的适应能力。恐龙无法控制自己居住的环境，但我们可以。

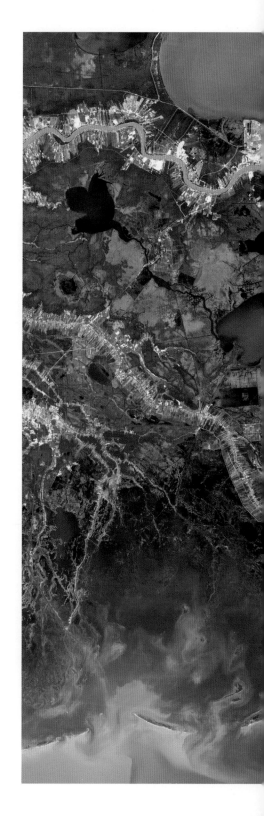

左图：像大多数海洋生物一样，太平洋西北部的海盘车海星需要氧气才能茁壮成长。

下图：墨西哥湾密西西比三角洲的卫星视图显示了绿色的死区，有害藻类在这里"夺走"了水中的氧气。

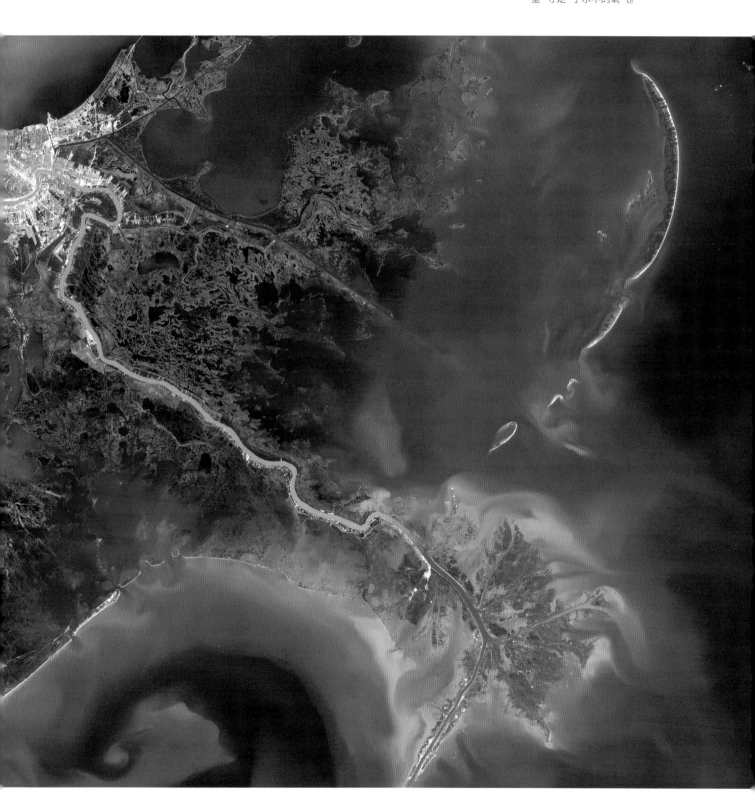

海洋碳库

碳可以像钻石一样闪闪发光，也可以给煤带来光泽。碳可以与氧气组成二氧化碳，也可以和氢气组成甲烷（这两种气体都是肉眼看不见的）。在所有生物中，碳都是一种不显眼但至关重要的成分。地球上的大部分碳都储存在岩石、土壤和沉积物中，其余的存在于大气和海洋中，甚至存在于各种生命形式中。就像水一样，碳是我们生存所必需的物质。在科幻电影《星际迷航》中，柯克船长和斯波克船长将"碳基单位"作为宇宙其他地方存在生命的证据。但碳与氧结合成二氧化碳，通过燃烧化石燃料释放到大气中，这正在改变适合我们生存的气候。

为应对气候变化，减少人类活动产生的碳排放是重中之重，不过，受人们青睐的方法是"基于自然的解决方案"，它的优势是通过保护完整的自然系统、恢复受损的自然系统来改善气候。联合国鼓励各国保护本国的森林，以便让植物从大气中吸收大量二氧化碳。直到最近，人们才开始重视浮游植物、底栖藻类和沿海植被，它们从大气中捕获二氧化碳并将其作为大小动物的营养物质传递，最终碳循环到海洋深处，并长期封存在那里。

"蓝碳"是 2009 年创造的一个术语，用于确定和解释海洋中与气候变化有关的生物。海洋蓝碳包括通过从磷虾到鲸的海洋生物活动而储存的碳。增加海洋中的鱼类能够减少释放到大气中的二氧化碳含量，红树林、海草和沼泽也是有效捕获和储存碳的系统。

为了详细解释保护海洋蓝碳带来的经济效益，一组经济学家以鲸的价值举例。一头鲸在碳捕获上的平均价值超过 200 万美元，如果按照目前鲸的数量估算，总价值将超过 1 万亿美元。如果活的鲸有将碳排除在大气之外的能力，并因此具有一定的货币价值，那么磷虾呢？还有金枪鱼、鲨鱼和成群的鱿鱼、鳕鱼和毛鳞鱼呢？对鲸和湿地的关注可能会激发人们的意识，即活的海洋，所有这一切，都与地球的气候和生命的存在密不可分，其中自然也包括人类。

上图：座头鲸等海洋生物能储存大量的碳，过度捕捞会导致二氧化碳排放的加剧。

伟大的探索

从太空
看海洋

下图：2014年，欧洲航天局航天员亚历山大·格斯特拍摄到一片云雾缭绕的海洋。

当苏联航天员尤里·加加林于1961年绕地球飞行时，他成为少数有幸从太空观察地球海洋的人，也是第一个在太空中感受地球浩瀚海洋的人。在太空中，俯瞰的视角也许可以带来更多启发性的见解。1957年，苏联发射了"斯普特尼克"卫星，一年后，美国发射了"探险者1号"卫星，自那之后，科学家们不断开发精度更高的卫星传感器，来研究地球的陆地、大气、天气和海洋表面。

21世纪的海洋学是一门综合科学，它将来自许多卫星传感器的数据与海洋仪器的数据相结合。这些数据由强大的超级计算机进行分析，并由全球的科学界指导分析过程。如今，中国、日本、美国和欧洲的航天机构共享卫星技术、数据和基于数据的解决方案，共同保护海洋，并认同海洋在为地球降温方面发挥的作用。

上图：1957年，苏联的"斯普特尼克1号"和"斯普特尼克2号"发射之后，沃纳·冯·布劳恩（最右）及其同事在1958年用"探险者1号"卫星开启了美国的太空计划。

右图：1959年，"探险者6号"卫星从太空拍摄了第一张海洋图像。

卫星有助于捕捉地球的"脉动"，当"脉动"表现出危险时，卫星会发出警报。对超级风暴事件的早期预警有助于社区更有效地做好准备和应对。科学家们利用数据对厄尔尼诺等气候周期进行季节性的预测，帮助人类避免了很多灾难。

随着气候变化加速，卫星技术也在不断进步，例如流体相机（FluidCam）的发明。这种相机使用一种称为流体透镜的技术，其超级计算机软件可以对15米的水下地貌和珊瑚礁进行精确成像，而普通相机拍摄时通常会因光线在水中折射而导致图像变形。

从这里起步，未来的我们该如何发展？寻找地球以外的新海洋世界也许是一个不错的选择，因为这能使我们更好地了解海洋的过去，还能发现海洋对生命的影响，同时也能预测未来可能发生的事情。2020 年，美国国家航空航天局对 1997—2017 年卡西尼-惠更斯土星探测器的数据进行分析，并且通过数学模型推断数十颗系外行星中可能存在水，同时具有与地球相似的结构和地质活动，因此可能适合生命存在。

木星被冰雪覆盖的卫星木卫二也可能是宜居星球。"木卫二快船"任务于 2024 年成功发射，将对地球之外的有水的世界进行首次专门研究。这艘航天器将在木卫二上空进行大约 45 次近距离飞越，进行详细的研究。每经过一次，地球上的科学家都会改变其飞行路径，以便航天器最终扫描整个星球表面。由此收集的数据可能证实木卫二覆盖着一层咸海，其液态水也许比我们海洋中的水还要多。

第十章

休戚与共的未来

the future ocean

在某种程度上，预测 100 万年后海洋的未来比想象 2030 年或 2050 年的情况更容易。多年来形成的地质过程将继续，海洋盆地扩张或缩小；由地球深处的构造力驱动，大陆会发生移动。海洋生物将继续演化，并受到海洋和大气变化的影响，有时甚至是灾难性的。气候将在历史上经常出现的冷却和变暖循环中发生变化；冰河时代来来去去；海平面会上升或下降。但鉴于人类活动对地球温度、化学以及生物多样性造成迅速而前所未有的影响，未来几十年的海洋状况很大程度上取决于我们现在所做的或未做的事情。自然规律是可以预测的，但人类的行为却不能。历史上从未有过任何物种能够有意识地，甚至可能是自觉地塑造自己生存的未来。

地质学家将 11 700 年前开始的时代称为全新世。然而，人类对地球造成的巨大影响激发了生物学家的灵感，一些科学家命名了一个新纪元：人类世（Anthropocene）。这个词来源于希腊语，其中"anthro"，代表"人"，而"cene"代表"新"。进入这个新的地质时代，人类的干扰已经成为影响地球生态系统的主导因素。

要获得国际地质科学联合会对于这一概念的官方认可，岩层中必须反映出一定的变化。有些人认为，1800 年是人类活动开始产生地质规模影响的时间点；另一些人则认为是 1945 年，当时，第二次世界大战期间进行了第一次核武器的试验和爆炸。放射性粒子在全球土壤样本中留下了持久的标记，同时，塑料和其他以前不存在的合成材料广泛出现。2016 年，经过深思熟虑，国际地质科学联合会人类世工作组召开会议，他们同意，将 20 世纪中叶（也就是 1950 年）作为人类活动急剧且明显增加的时间点，被称为"大加速"（the Great Acceleration），以此保证其地质定义。虽然令人不安却极为真实的一点是：我们对地球的影响写在了石头之上。

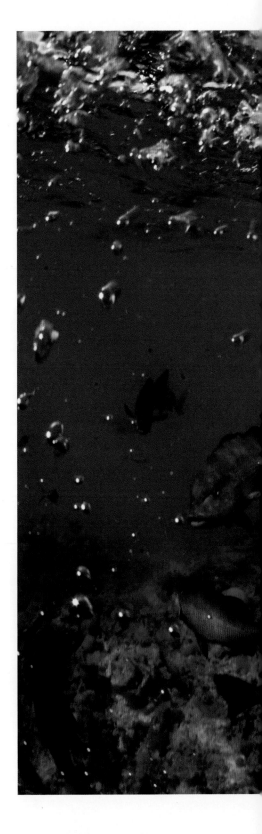

右图：生活在全球温暖热带水域的科隆鲨鱼聚集在莫桑比克附近的巴萨斯达印度环礁。

第276—277页图：南非伊丽莎白港充满生机的浅礁吸引了闪闪发光的小鱼群。

改变海洋即改变一切

在地球存在的大部分时间里，我们无法在地球上生存，就像航天员无法乘坐拆卸的宇宙飞船飞行一样。如果在 20 亿年前到达地球，对我们来说就像今天没有穿太空服踏上火星一样危险。然而，即使是现在，在一个支持生命存在的气候中，我们知道地球的引擎——海洋，已经发出了警报，但在多数人看来这只是一个小问题，而不是一个紧急的、危及生命的大问题。纵观人类历史，我们已经更换、重新安排、丢弃甚至故意消灭了许多支持生命延续的系统，然而，我们却没有意识到这样做的后果。"征服"和"消费"是永恒的主题。本来，我们理应通过保护自然过程、保护为这个过程提供动力的多样化生命形式，来保持地球支持生命存在的功能完整性，但在很大程度上，这种重要性被忽略了。实际上，我们对地球生物化学的改变，可能适合微生物和真菌生存，但是不适合人类。

到 20 世纪 50 年代，海洋受到的破坏还是比陆地要少得多。但之后的几十年里，海洋发生了破坏性变化。我们已经跨过了一些阈值界限，包括气候变化、生物多样性的丧失和生物灭绝、海洋酸化和臭氧消耗等。

在人类出现之前的遥远过去，也出现过超过某个临界点的情况，随后便出现了我们所知道的不适合生命存在的阶段。自那之后，同样的自然力量仍旧在塑造着世界。地球的倾斜、太阳的耀斑和小行星的到来都超出了我们的控制范围，但现在我们对自己的行为有了一定的了解，也知道如何推动当前的安全界限，因此，我们便可以引导一条发展道路，让人类的行为保持在一定的极限范围内。

海洋的这些变化都是达到临界点的信号，我们应该保持高度的警惕，因为这些问题都很难或完全不可能解决。我们还有时间对海洋的困境，以及人类的困境做出回应，但留给我们的时间不多了。海洋政策和治理正在不断发展，但前进的速度远赶不上变化的速度，而这些变化会影响人类的健康，全球、区域和地方经济和安全，最终影响我们的生存。

快速增加的酸度

亿万年来，海洋吸收了二氧化碳，其中一部分被转化为维持生命的矿物质，例如碳酸钙（珊瑚、蛤蜊和许多微型动物使用它们来建造贝壳），同时将剩余的二氧化碳释放回大气中。这一自然过程维持了海洋pH 值的平衡，让各种生物（不仅是带壳的动物，还有浮游植物、小丑鱼和它们的捕食者）能够在酸碱度均衡的水中茁壮成长。但现在，这种情况正在发生改变。专家估计，主要由于人类燃烧化石燃料，所以每秒向海洋深处增加了相当于载重100 吨煤的火车车厢装载量的二氧化碳，无论对于海水还是生物，这种输入的速度远远大于消耗的速度。结果，海水的pH 值下降，水中的酸性增加，依赖碳酸钙的生物的外壳开始分解。有专家预测，到21 世纪末，海洋酸度将比18 世纪工业革命开始时高150%。

右页上图：在国际自然保护联盟濒危物种红色名录中，大西洋海象被列为脆弱物种，它们主要分布在北极水域。

右页下图：尼加拉瓜附近的加勒比海成为受到威胁的斑点鹰鳐的避难所。

下图：一种"会游泳的蜗牛"（翼足类），酸性的水会慢慢溶解它们的外壳。

第0天   第2天   第16天   第26天   第45天

海洋治理：谁能决定海洋的未来？

虽然光鳃鱼只有手指长度，但在领地内它们非常凶猛，为了守卫自己一手培育的藻类花园，还有自己的孩子，它们不断张着嘴正面攻击进入自己领地的石斑鱼、鲷鱼和戴着水肺的潜水员，哪怕这些入侵者的体型和体重是它们的数百倍。疣鳞鲀因拼命捍卫筑巢地而闻名，当有入侵者冒险进入"禁区"时，它们有时会从这些鱼类（或人类）身上咬下核桃大小的肉块。雄性海狮清楚地告诉其他雄性海狮以及在附近的任何其他大型生物，它们的海滨财产的某些部分禁止接近。然而，大型鲸、金枪鱼、鳕鱼、鲑鱼、鳗鱼、鲨鱼和海龟和平地共享着广阔的区域，所有这些生物每年沿着固定路线在觅食区、繁殖区和育儿区之间移动，距离达到数百甚至数千千米。无论是在珊瑚礁上的小块区域还是在广阔的开放空间中，海洋生物直到几千年前才拥有海洋，其中大多数生物是在大约 500 年前。大海反映了生命的历程，数百万代难以理解的多样化生命形式，在它们壮丽的液体空间中自在摇曳。而现在的智人，本质上是陆地生物，却声称海洋都是他们的。没有其他物种对海洋和世界的未来产生过比人类更大的影响。

16 世纪时，各个国家，尤其是葡萄牙和西班牙，都声称要保护贸易路线，以抵御其他国家的船只。西班牙极具野心，想要通过控制麦哲伦海峡来封锁进入太平洋的唯一通道。随着海洋对全球运输和贸易变得越来越重要，紧张的局势继续恶化。1609 年，荷兰法学家和哲学家雨果·格劳秀斯在反思日益加剧的冲突所带来的问题时，提出了"海洋自由"的概念。他的想法是："海洋与空气一样，不应被占领，并且它的作用是所有人共有的。"海洋如此广阔，无论是用于航行还是获取野生动物，都应该满足所有人的使用。对海洋的管辖权在很大程度上是在欧洲兴起的一个概念。太平洋上的传统独木舟将波利尼西亚文化联系在一起，而不是将其割裂；在北欧国家，维京人认为他们不需要任何人的许可就可以探索北大西洋的遥远地区；15 世纪的中国贸易船队可以随心所欲地驶入太平洋和印度洋。

随着越来越多的国家发展了海上航行、运输和贸易，以及捕获鱼类、海鸟、海豹等野生动物的能力，冲突进一步加剧。最终，拥有海洋的国家开始将其保护的领域限制在可防御的近岸水域（通常定义为 3 海里，约 5.5 千米之内），并一致同意，公海可以自由出入。

上图：在一个古老的循环中，在马尾藻海孵化的鳗鱼会在缅因州的佩马奎德河中成熟，几十年后又前往海上产卵。

到 20 世纪 30 年代，各国希望将管辖权扩展到更远的海上，然而这一想法却面临着越来越大的压力。第一次世界大战期间，海上的惨烈战斗使人们意识到将"管辖权"这一概念正式化的必要性。

对人们来说，第二次世界大战后是一个相对和平的时期。但对于海洋生物来说，已经开始的工业规模的捕鱼行业进入了高速发展阶段。当摇滚乐开始席卷人类世界时，8 种大型鲸的声音已经很少听到，数百万头鲸从它们生存的海洋空间中逝去。抹香鲸拥有宇宙中最大的大脑，不同地区的鲸还有不同的"方言"，它们拥有紧密的社会纽带、传统和习惯，遗传多样性丰富，擅长学习。然而，超过一半的抹香鲸已经成为家畜饲料、化肥还有用于工业的鲸油。在数百千米公海中回荡的鲸歌淹没在了震耳欲聋的引擎声中，偶尔还有核爆炸的巨大声响。1946—1958 年，美国以全球安全为代价，在南太平洋进行了核试验，马绍尔群岛的人民丧失了家园、文化、历史和身份。对于该地区的光鳃鱼和占据太平洋珊瑚礁的数千种独特物种来说，这也是它们的世界末日。

目前，各国对海洋行为的国际政策和治理机制主要依据《联合国海洋法公约》。这个公约是在 20 世纪 70 年代由众多国家共同起草；1982 年正式开放，供各个国家签署，当年有 119 个国家签署；60 个国家批准后，公约于 1994 年生效；现在对已批准它的 160 多个国家具有约束力。《联合国海洋法公约》提供了一个全面的国际法律框架来管理世界海洋上的活动，包括在公海、通过国际海峡和沿海水域的军事机动权；确保全球商业的自由运作；阐明公海铺设电缆和管道的自由；建立海上执法、海洋环境保护和海洋科学研究的国际框架；并建立解决国际争端的机制。公约中还有一项具有深远

潜入深海

浮标阵列

目前，多个国家共部署了数千个浮标，每天监控海洋状况，与此同时，船舶和卫星也在收集数据。1994 年，热带海洋全球大气计划-热带大气海洋计划（TOGA-TAO）浮标阵列正式投入使用，在赤道附近的太平洋中，分布了 70 个系泊点。阵列中还搭载了第一台用于探测厄尔尼诺的仪器，可以实时反馈数据。

通过测量这一片广阔海域的海面温度，浮标有效地预测了 1998 年强大的厄尔尼诺事件。2014 年，在 12 个国家的支持下，热带太平洋观测系统在更广阔的区域内投入使用，进而提供详细的海洋和大气数据。

意义的条款，那就是它允许沿海国家宣布对其专属经济区内的生物和非生物海洋资源拥有管辖权，范围是海岸线外 200 海里之内（约 370.4 千米）。它还创建了国际海底管理局，在各个国家专属经济区以外，这个机构负责管理和控制海底上的所有矿产方面的相关活动。

在国家管辖范围之外的海域是公海，面积约占海洋的 64%，地球近一半的生物圈聚集在那里。从 2014 年开始，联合国开始考虑在公海建立大型保护区，其中特别提到了"国家管辖范围以外区域的海洋生物多样性"。如果至少 30%的公海得到保护，那么地球上的大部分生物多样性也许能够继续存在。

上图：海上的噪声日益嘈杂，抹香鲸等海洋生物的声音淹没在了航运噪声和地震勘测的声音之中。

建立可持续渔业

在海洋动物的灭绝风险中，一个长期的风险是人类喜欢食用它们。包括美国在内，很多国家花费大量资金支持渔业机构，以便寻找、捕杀和销售海洋野生动物，同时拨出用于保护海洋野生动物的资金却相对较少。每年有数十亿美元补贴工业船队，帮助它们捕获用于商业销售的野生动物。众所周知，海洋中生命的丰富性和多样性是地球化学性质的基础，它影响水、氧气、碳、营养物质、矿物质的循环，以及其他重要的生物地球化学过程。虽然如此，但人类通常将海洋中的动物当作商品。它们被称为"存货"，以吨为单位，对它们的捕获就像为了捕捉森林中的鸟类，便用推土机铲平了森林。这样的方法自然有附带的损害，比如破坏了生物的栖息地，不需要的生物捕杀后就被丢弃。渔业改革取得了进展，但目前海洋生物减少的速度超过了恢复其数量的努力，更不用说保护它们在维持地球最基本功能方面的作用了。

2019 年，联合国发布了一项名为《生物多样性和生态系统服务全球评估报告》的审查报告，其中确定，至少有 100 万种生物面临直接灭绝的威胁，因此也会对地球的宜居性产生影响。陆地物种的危险最明显，但由于海洋只被探索了一小部分，因此发现的物种数量以及处于生存边缘的物种数量肯定会增加。大多数海洋物种，包括分布较广的物种，都高度适应海洋中某一独特的生活环境，成为特定环境下的长居者，当它们生存的地方受到破坏时，它们很容易灭绝。海洋是遗传多样性宝库，但它仍然面临人类广泛的商业开发，并且人们根本没意识到这样做会破坏地球上重要的生命结构。

在数万种的脊椎动物中，五分之一的物种都受到了贸易的影响。在 31 500 种陆生鸟类、哺乳动物、两栖动物和有鳞爬行动物物种中，约 24% 被纳入全球贸易中，这是一个价值数十亿美元的产业，正在推动物种走向灭绝。然而，鱼类，这个数量最多的脊椎动物，也是迄今为止交易最广泛的动物，并未出现在面临风险的野生动物的"名单"上。人类经常消费的鱼类中，90% 已被捕捞殆尽，其中一些数量已经非常稀少，很可能无法恢复，特别是蓝鳍金枪鱼、美洲和欧洲鳗鱼、所有种类的鲟鱼、大洋白鳍鲨、鳕鱼和大比目鱼，还有各种深海鱼类，包括橙鲈和智利鲈鱼。

北大西洋鳕鱼的命运就是一个例子。500 年来，北大西洋鳕鱼

上图：作为顶级捕食者的鱼类之一，黄鳍金枪鱼是海洋中碳和养分循环的重要一环。

一直是北大西洋国家的食物和商业支柱。20 世纪 90 年代初，加拿大科学家通过计算得知，大西洋鳕鱼的数量仅为早期水平的 1%，加拿大政府随即宣布暂停捕捞。其他国家紧随其后，但那时，著名的"鳕鱼高速公路"已经被颠覆，人们对这种由最老、最有经验的鱼主导的迁徙路线完全失去了了解。

自 16 世纪以来，人类捕获了大量的海鸟、哺乳动物和脊椎动物，它们也更常被认为是"野生动物"。对于这几类动物中数量已经不多的种群，各个国家的法律和国际协议也已开始着力加以保护。在 2018 年国际鸟类联盟报告指出，在 360 种海鸟中，近一半（47%）数目正在锐减，31% 面临灭绝的威胁。目前很少有鸟因食用或产品制造而被杀，但由于其沿海筑巢地消失，磷虾、鱿鱼和鱼类等食物减少，渔线、渔网和垃圾的存在，以及环境污染，它们的生存变得越来越艰难。海洋哺乳动物面临类似的环境问题，但 20 世纪 70 年代，为了停止商业捕杀，美国通过了保护该国水域中所有海洋哺乳动物的法律，随后在 1986 年，国际上暂停商业捕鲸行为。

许多国家和地区性的法律，以及国际法律都有规定，在哪里、有多少、什么样的海洋动物（主要是鱼类、鱿鱼和甲壳动物）可以合法捕捞，但考虑到大多数商业捕获的物种呈下降趋势，"可持续捕捞"的定义难以把握。然而，出于粮食安全的基本原理，大规模的捕捞仍在继续。

人们对于物种数量的减少日益担忧，激发了人们对海洋养殖的兴趣。近几十年来，沿海地区养殖了一些海鱼，包括大西洋鲑鱼、条纹鲈鱼、鲯鳅鱼，还有几种虾、牡蛎、蛤蜊和扇贝。一些养殖活动也移到了海上，并建立了网状围栏。然而，大多数养殖的海鱼是肉食动物，饲养它们通常需要一些小鱼，比如，每养殖 1 吨的海鱼需要捕获 4—5 吨的小型野生鱼。除此之外，还有一些其他问题，包括在农场周围堆积废物、将抗生素和寄生虫引入到了本地种群，以及非本地物种逃逸到了附近的生态系统。

这些棘手问题大多数都有了解决方案。使用循环水和生物过滤的封闭系统实现了"每滴水收获更多作物"的目标，同时还避免了对生物逃逸和环境污染的担忧。遵循陆地农场的饲养模式，海洋养殖中选择了快速生长的食草动物，而不是生长缓慢的食肉动物。此外，培养微生物和某些海藻用于食品、药品和食用油也具有巨大的潜力。

上图：海胆浑身是刺，可以阻止海洋中的捕食者，但不能阻止人类的捕食。

右页图：澳大利亚大堡礁上的巨型蛤蜊是世界上最大的双壳类软体动物，颜色从宝蓝色到深金色不等。

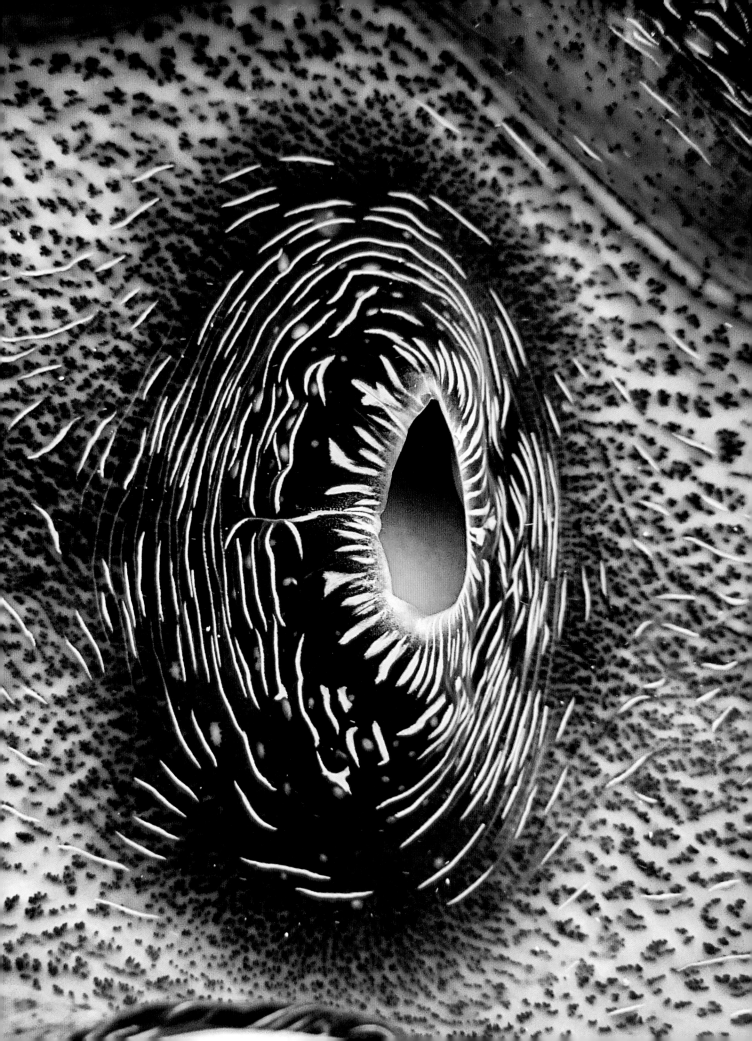

塞舌尔群岛外岛

位于非洲东海岸和马达加斯加北部，塞舌尔群岛外岛在五个珊瑚岛群中为印度洋增添了一抹光彩，那里是众多特有的陆地和海洋动植物的家园。

本页图：塞舌尔群岛的阿尔达布拉岛是世界第二大珊瑚环礁。

2020：转折之年

2020 年出现了一个新词——"人类活动暂停"（Anthropause），用来描述年初开始的新型冠状病毒感染对人类社会的影响。一份报告指出："人类活动暂停期间，陆地和海上的人类流动性减少，这在当代史上是前所未有的，其影响剧烈、突然，并且传播范围广。"为了控制感染，很多国家进入了封锁状态。人们待在家里，几周甚至几个月不能旅行，也不能聚集在餐馆等公共场所，并且在谨慎重新开放的情况下，需要遵循特殊规定来应对持续的疫情。

这一年的联合国发展报告指出："石油需求暴跌，化石燃料消耗的大幅减少导致温室气体排放量显著减少，也因此减缓了气候变化的影响，这对海洋十分有利。"许多船只长时间停留在港口，以至于海洋噪声和海洋活动发生了明显变化；反过来，从美国西雅图到意大利的里雅斯特的沿海地区，海豚、鲸、海豹、海狮和海鸟比平时更靠近海岸。拥有欧盟最大渔船队的西班牙，大约一半的船只在港口停留数月。全球对鱼类和海鲜的需求也急剧下降，这可能会产生类似于两次世界大战期间停止商业捕鱼时的影响，当时，船队的闲置使得鱼类资源的数量有所反弹。

2020 年原被认为是海洋的重要之年，但由于世界疫情状况并不乐观，包括《联合国气候变化框架公约》第 26 次缔约方大会在内的许多涉及重要海洋议题的会议暂时被搁置了。有些人的工作不可替代，但通过"远程连线"可以完成很多工作。无论是从船上将深海图像传送到教室，还是与来自全球各地的参与者举行会议，这些活动都证明，在 2020 年人类活动暂停期间，人们依旧可以举行重要的会议，并通过间接方式实现交流。

从这些可以实现人类行为范式转变的特殊情况中可以学到什么？人类社会的动荡和大自然的复苏成了因果关系的有力证明。对人类活动暂停期影响的研究，可以让我们对人类与野生动物的相互作用有更好的理解。我们可能会发现，生活方式的微小变化可以为生态系统和人类带来巨大利益，现在我们可以看到，我们在自然安静发展时世界会发生什么。当人类齐心协力抗击致命疾病时，是否能证明我们拥有应对气候变化、地球安全以及与自然和谐相处的力量？对于海洋的未来和人类的未来，2020 年很可能是非常重要的一年。

上图：哥斯达黎加奥斯蒂奥纳尔海滩上有丽龟的筑巢地，对此加以保护有助于高度濒临灭绝的丽龟逐渐恢复数量。

2030：临界之年

在 2020 年，减少污染等方面的改革已取得了一定的进展，但远未达到目标。改变方式的时间已经不多了，"未来十年"的新目标是人类必须扭转趋势的最佳机会，因为地球已经远不如前几代人时那样宜居。由于燃烧煤、石油和天然气，二氧化碳、甲烷和一氧化二氮的排放量越来越高，加上农业上也在释放这些气体，永久冻土也开始融化，并且，在陆地上和海洋中，森林破坏，野生动物减少，这一切都导致全球变暖进一步加剧。人类对地球的主导地位正在吞噬剩余的荒野，即使在远海也是如此，工业捕鱼、漂浮农场和深海采矿剥夺了海底的生命。

2009 年，比尔·麦吉本的气候变化倡议提出，要防止我们大气中的二氧化碳含量超过 350ppm。许多科学家认为 400ppm 是一个危险的临界点，超过了这个数值可能会引发我们无法控制的后果。人们普遍认为，2020—2030 年，将排放量减少 45% 会将全球气温的上升幅度控制在 1.5℃，这一水平被认为是可以实现并且可以接受的。但在 2009 年，大气中的二氧化碳浓度已经达到 390ppm；2014 年超过了 400ppm；到 2020 年达到了 410ppm。大气中百万分之十的差异似乎并不大，但即使是超过一定水平的二氧化碳浓度也会产生严重的影响。上一次浓度超过 400ppm 是在 250 万年前，当时地球整体变暖，海平面比现在高出约 20 米，北极几乎没有冰盖，南极长满了森林。这种高度的海平面，大型港口城市或大型沿海社区都将不复存在。

根据美国国家海洋和大气管理局和美国国家航空航天局确认，2010—2019 年，是自 140 年前有记录以来最热的 10 年。海洋温度达到了有史以来的最高水平，热驱动风暴的强度越来越大。可能再过一段时间，也许到 21 世纪末，也许更早一些，北冰洋就完全没有冰了，南极大陆也会失去大部分闪闪发光的冰盖。然而，当海水和气温升高到融冰的阶段时，这个过程是不可阻挡的。

回到 200 年前甚至 10 年前的状况是不可能的，但在 2020 年，我们制订了计划，以减轻人类对地球造成灾难性后果。出于维护并保持地球稳定的完整系统（陆地和海洋）的重要性，人们采取了前所未有的行动，为 2030 年设定了关键目标。2020 年，人们组织了一项雄心勃勃的国际举措，即联合国海洋科学促进可持续发展十年，

重要事件

冰在融化

温室气体排放导致全球变暖，极地冰盖正在融化。从 2002 年到 2019 年，美国国家航空航天局的重力卫星计划（GRACE）绘制了冰层损失的图表，包括南极陆地冰层每年损失 1 470 亿吨的冰，格陵兰岛每年损失 2 800 亿吨。自 1900 年以来，全球海平面上升了 13—20 厘米，而且这个速度正在加快。研究人员预计，到 2100 年，地球表面的温度将比工业化前水平高 3—4℃，从而加速冰川融化。

这是一个恶性循环：来自格陵兰岛的融冰可能会减缓全球洋流的循环，进而促使更多的冰川融化；来自南极洲冰川的融化导致温水停留在冰盖下方，进而引发冰川从下方融化。2019 年发表在《自然》杂志上的模拟表明，如果冰川继续以这种速度融化，到 2100 年，全球气温将继续变暖，海平面将上升多达 25 厘米。

旨在呼吁人们行动起来，探索和记录海洋，从而在 2030 年前扭转海洋健康的衰退趋势。"海床 2030"是一项国际计划，旨在填补我们对 80%以上海底的认识空白。随着新技术的发展，人们前往以前从未涉足的地方进行捕鱼和采矿活动，对当地造成了破坏，这项计划因此也有了新的发展势头。

　　1992 年，在里约热内卢召开了联合国环境与发展会议，会上发起的《生物多样性公约》开启了阻止物种消失的进程。2010 年，在日本爱知县举行的一次会议上，这项公约被进一步具体化：到 2020年保护至少 10%的海洋和 17%的陆地。随着这一里程碑的实现，大约 15%的陆地和不到 4%的海洋会得到细致的高水平保护。英国海洋科学家卡勒姆·罗伯茨计算出，保护至少 30%的海洋可以显著恢复海洋物种的健康，并使整个海洋受益。2014 年，在澳大利亚悉尼举行的十年一次的世界公园大会，与会人员一致赞同，到 2030 年需要保护至少 30%的自然世界；2016 年，全球数十个保护组织重申了这一目标。

　　根据全球足迹网络（Global Footprint Network）的数据，如果地球上 80 亿人的消费量与美国公民一样多，那么需要 5 个地球才能维持 2020 年的生活方式。除了美国，世界其他地方的人需要大约 3 个地球就够了。尽管科学家们已经确定了至少 50 颗被认为能够维持生命的系外行星，但与我们的家园——这颗蓝色小行星和平相处相比，到达那些地方并使它们适合人类居住是一个更大的挑战。

上图：在挪威斯瓦尔巴群岛，全球变暖加速了东北地岛上冰盖融化，更多的水流入了海洋。

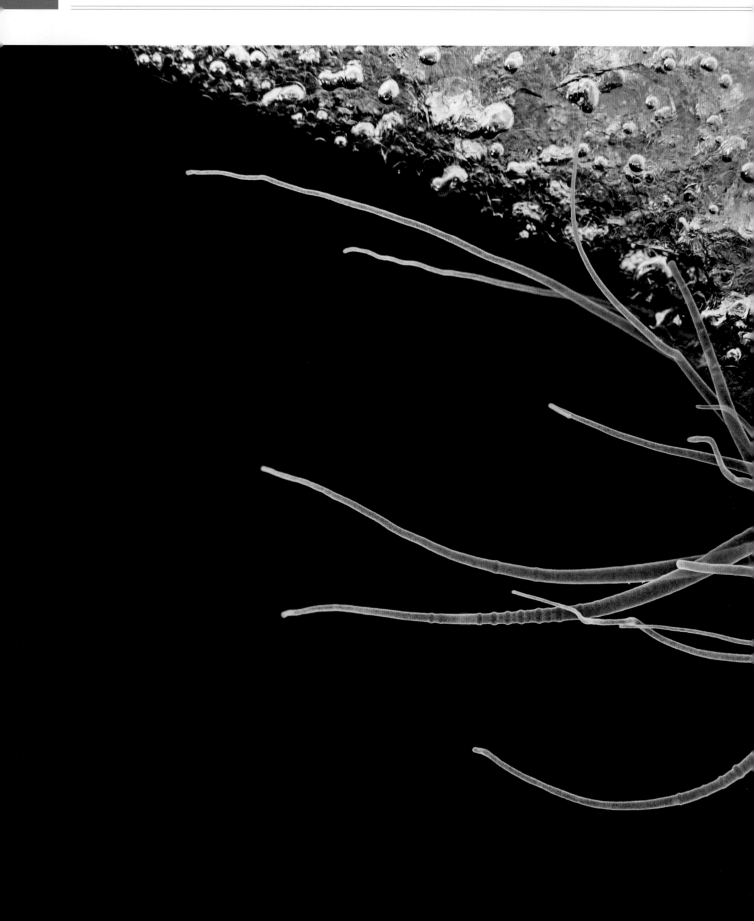

动物全球定位系统

有一句谚语：你可以通过看鲸鱼的旅行轨迹来调表。这话一点也不假。在3月和6月之间，如果你站在加利福尼亚海岸边凝望，你便可以看到大量灰鲸和它们的幼崽向北移动，前往它们的夏季觅食地。它们体内的导航系统（一个原始的GPS）会告诉它们该去向哪里。鱼、海龟和海鸟可以通过体内的时钟与太阳、月球或星星的位置进行同步；海豚通过接收从海底地形返回的回声来指引前进的方向；鲑鱼通过气味找到它们的繁殖地。这背后的原因之一可能是存在于基因编码中的迁徙路线，但另一种原因可能是动物的本能，比如驱使灰鲸沿着加利福尼亚水域移动的本能。

此外，还有一种最神秘的力量：地球的磁场。人类需要指南针才能感受磁场的存在，但很多海洋动物天生就有感应磁场的传感器，可以让自己稳定地辨别方向。海洋动物除了与生俱来的天赋外，还有证据表明，海洋中的迁徙路线可能会在这些生物中代代相传。

左图： 海葵的触手紧贴着正在融化的浮冰的底部，随着全球变暖和海平面上升，它们必须这样才能存活。

2050：我们期待的未来是什么样的？

21世纪中期，海洋会是什么样子？

1982年，美国佛罗里达州奥兰多市迪士尼乐园艾波卡特的海洋生物馆向专家提出了这个问题。经过讨论后，专家组一致认为，通过向公众传达关于海洋的已知信息及其对世界各地每个人的重要性，并将地球上最大的未知部分——海洋的探索分享给大家，可能会激发人们行动起来。

在被当作产品几个世纪之后，鲸终于得到了人们足够的认识和关注——它们的存在超越了成吨的肉和油，这也对公众态度、公众行为和法律的改变产生了重要影响。其他生物，比如章鱼、鱿鱼、磷虾、螃蟹、龙虾、智利鲈鱼以及我们模糊地归为"鱼"的数千种不同的生物，我们是否也会看到它们作为商品以外的价值？蓝鳍金枪鱼、旗鱼、马林鱼、箭鱼和灰鲭鲨是海中速度极快的鱼，但与一些速度慢的鱼（海马、蝠鲼和石斑鱼）一起，它们目前正在为生存而抗争。

世界人口从1800年的约10亿增加到20世纪30年代的20亿、20世纪80年代的40亿，再到21世纪20年代的80亿[5]（预计到2050年将达到100亿），我们已经认识到，人类对陆地、淡水、空气和海洋的需求增大，其压力超出了科学家认为的地球的"承载能力"。人们乐观地认为，技术也将随之进步，并在问题出现时能够解决问题。

2020年2月，世界经济论坛的一项分析报告称，全球正在转向风能、水能和太阳能发电的技术，这些技术可能会在2050年首先减缓、然后逆转全球变暖的影响。根据2020年联合国海洋会议的规划，海上风电目前供应全球电力的0.2%，预计到2050年，将达到或超过海上石油供应的能源。太阳能正越来越多地直接用于家庭和工业，到21世纪中叶，一些项目能够安全使用氢、地热和核聚变等能源。粮食安全可能会通过更有效、更有营养、更少浪费的饮食习惯来实现，同时减少海洋野生动物的依赖。自然生物多样性系统有着不可估量和不可替代的价值，随着人们对这些方面愈发关注和尊重，对它们的保护很可能会显著增加。

但也有预测称，到2050年，全球气温仍将上升，海洋酸化会加剧，野生动物将减少，荒野地区将崩溃。如果按照目前的鱼类清除率和

海草的力量

种植海草——这个简单的解决方案让加勒比海地区的人们惊讶不已。海滩上的旅游业是他们主要的经济产业，为了保护好海滩，他们已经在造价昂贵的混凝土墙和其他处理方法上付出了数百万元。2019年，有工程师和科学家在《生物科学》杂志上发表了文章，提出孕育健康海草床和钙化藻类的海滩是海防中一个可恢复、可持续的选择。

泰莱草是加勒比海海岸线上数量最大的海草，海岸线被这些植物强韧的水平根系固定，从而将沙子和淤泥固定在了适当的位置。根系不但加固了海滩，还可以保持沿海水域的清澈，因此珊瑚群落，以及生活在其中的需要阳光进行光合作用的藻类都可以茁壮成长。反过来，强壮的珊瑚礁群能成为抵御风暴的防线，确保大多数海草生长所需的平静水域。在彼此保护的同时，珊瑚礁和海草也支持着对方的群落：海草养育着细菌、鱼类还有海牛；珊瑚礁吸引着珊瑚虫、鱼类和章鱼。它们共同为健康的海洋系统做出了贡献。

右页上图：印度洋-太平洋海域的黄衣锦鱼白天活跃，晚上很早就休息了。

右页下图：路氏双髻鲨罕见地聚集在一起，这种濒临灭绝的动物是鱼翅贸易受害者。

[5] 2022年11月15日，联合国宣布世界人口达到80亿。——译者注

垃圾投入率，到 2050 年，海洋中的塑料可能比鱼类还多。塑料碎片将分解成更小的尺寸，对海洋和人类都将有破坏性的威胁，而且它们永远不会消失。

　　与此同时，海洋中的生物不会考虑人类的事务，它们必须生存或屈服于急剧变化的环境。对于金枪鱼、鲸、鳕鱼或磷虾来说，人类的运输交通会侵入它们传统的迁徙路线，而在它们的生存策略中，没有任何一项能够让它们为此做好准备，同样，面对日益威胁它们

的噪声、污染和空前的人类捕食水平，它们也毫无准备。而在人类生存的固有策略中，没有任何东西可以让我们为地球和我们自己创造出的新威胁有所准备。

我们的未来可能不再是我们可以选择的。尽管如此，如果我们将海洋视为我们生存的依赖，我们就有理由相信，一个长久而繁盛的未来是可能实现的。现在我们知道，这完全有可能实现。

下图：沐浴在阳光下的逆戟鲸跨越了两个领域——空气和水，两者对于它的生存都至关重要。

伟大的探索

海洋
清洁活动

下图：濒临灭绝的澳洲海狮是大洋洲唯一的本土鳍足类动物，这只生活在印度洋的海狮正准备浮出水面呼吸空气。

1953年，在美国佛蒙特州，人们发现奶牛在吃被扔进干草堆的玻璃瓶，在那之后，反对乱扔垃圾的行动在美国各地兴起。随后，从约翰内斯堡到巴黎再到悉尼，各种同类的活动广泛兴起。但海洋中的垃圾是另一回事：即使不被水分解，至少它们也不会出现在我们的视线当中。海洋仍将默默负担人们的旅行、食物和娱乐需求，并支撑地球所有的重要系统。是这样的吗？

并不是。随着时间的推移，科学家们有了更多的认识，也有了更多的担忧。虽然海洋浩瀚无垠，但它是一台灵敏、精密的机器，负责调节空气和气候，还保护着包括人类在内的每一种陆地生命形式的健康。这种调节取决于对其水下生态系统、物种和力量的保护，而污染是其潜在的破坏者。随着时间的推移，在国际、国家和地方层面，对

上图：在科隆群岛，一条海鳗把一个废弃的橡胶轮胎当作了家。

右图：菲律宾原始的图巴塔哈群礁国家公园入选了联合国教科文组织评选的世界自然遗产名录，其中拥有丰富多样的海洋生物。

海洋垃圾的认识演变成了反对海洋垃圾的行动。1971 年，在一次马尾藻海的海藻上被发现有塑料斑点，这预示着毒素在海洋的更深处，在那些我们看不见的地方。

1972 年，《海洋倾倒法》授权美国环境保护局和美国国家海洋和大气管理局，允许它们寻找海洋污水和工业废物的来源并限制其活动。很快，美国法律也规定，要监测沿海海底的疏浚，以及其对生物和栖息地的破坏。

在全球层面，联合国于 1973 年制定了《国际防止船舶造成污染公约》。随后，它下属的联合国教科文组织加入了国际自然保护联盟和其他全球组织，为全球海洋保护区制定了指导方针。1982 年，《联合国海洋法公约》概述了所有国家可持续利用公海的规则。

2017 年，联合国发起清洁海洋运动，号召共同参与清理海洋中的塑料，截至 2023 年 8 月的最新信息显示，已有 69 个国家加入。然而，2023 年 8 月 24 日起，日本福岛第一核电站核污染水排海，成为生态环境破坏者和全球海洋污染者。

如今，许多科学家、环保主义者以及当地人支持"野化"，即通过社区活动将自然恢复到原始状态。仅"蓝色使命"就招募了数千名公民来支持他们当地的"希望点"。自 1986 年以来，各地志愿者在国际海岸清洁日期间收集了数百万吨垃圾，仅 2018 年就有 122 个国家收集了 10 433 吨的垃圾。这样的统计数据既发人深省，又充满希望。

时间线

海洋清理成果

1971年：海洋生物学家埃德·卡彭特报告了马尾藻海中海藻上的塑料斑点。

1972年：87个国家通过《防止倾倒废物和其他物质污染海洋的公约》开始制定保护海洋环境的指导方针（1975 年生效）；美国通过《倾倒法案》；海洋保护协会在华盛顿特区成立。

1973年：联合国制定了《国际防止船舶造成污染公约》。

1975年：联合国教科文组织与国际自然保护联盟和其他机构一起制定海洋保护区的指导方针。

1982年：约160个国家签署了《联合国海洋法公约》。

1986年：国际海滩清洁日活动发起。

1997年：美国船长查尔斯·摩尔确定了大太平洋垃圾带。

2006年：对1972年《防止倾倒废物和其他物质污染海洋的公约》修订的《1996年议定书》正式生效，目前已有53个国家成为议定书缔约方，禁止向海洋中倾倒有毒物质。

2016年：联合国正式设定了到2030年保护30%的世界海洋的目标。

2017年：联合国发起"清洁海洋"运动，目前已有69个国家加入。

2019年：联合国世界野生动植物日的焦点是"野化"。

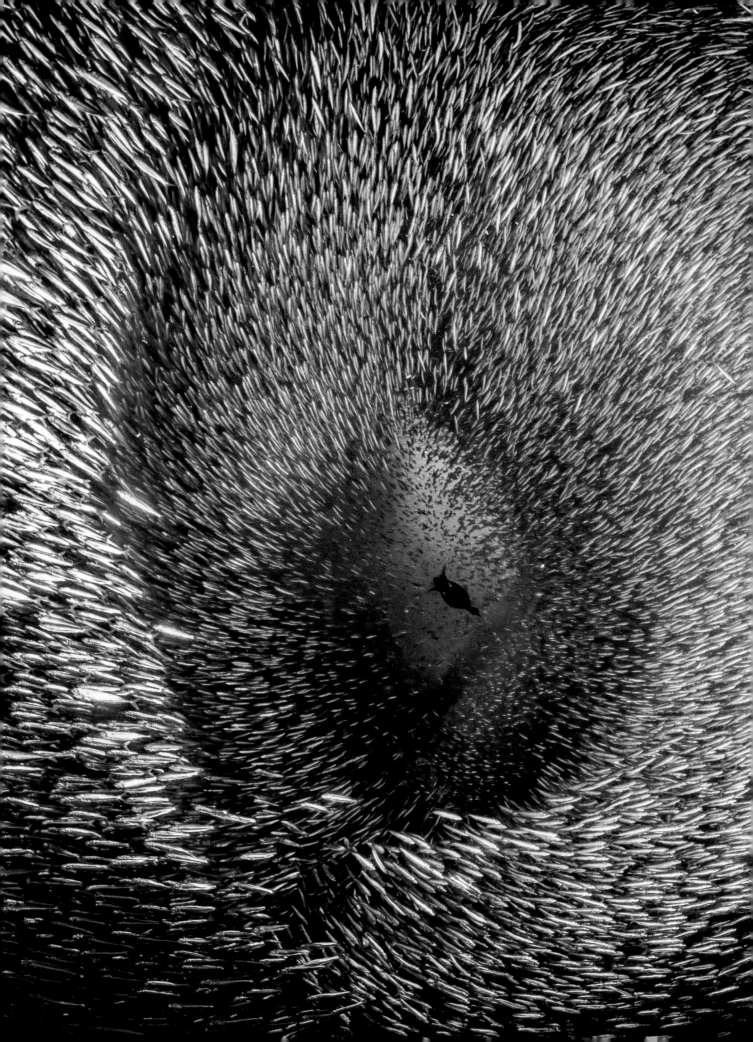